实用农村环境保护知识丛书

农村生物质综合处理与资源化利用技术

甄广印　陆雪琴　苏良湖　魏　俊　赵由才　编著

U0315578

北　京

冶 金 工 业 出 版 社

2019

内 容 提 要

　　本书共分 11 章，包括：农村生物质的来源与特性；生物质秸秆原位机械粉碎与还田技术；生物质饲料转化技术；生物质堆肥与过程调控技术；生物质厌氧发酵与能源转化技术；生物质压缩成型燃料化技术；生物质原料化利用技术；生物质热化学转化技术；生物质燃料乙醇制备技术；栽培基料化利用技术；生物柴油技术。

　　本书可供从事生物质处理技术研发工作的科研人员、从事农村生物质处理的投资建设、工艺设计、运营管理的工程技术人员阅读，也可供高等院校环境工程专业的师生参考。

图书在版编目 (CIP) 数据

　　农村生物质综合处理与资源化利用技术/甄广印等编著 . —北京：
冶金工业出版社，2019.1
　　（实用农村环境保护知识丛书）
　　ISBN 978-7-5024-7948-0

　　Ⅰ. ①农…　Ⅱ. ①甄…　Ⅲ. ①农村—生物能源—综合利用
Ⅳ. ①S216. 07

　　中国版本图书馆 CIP 数据核字（2018）第 269221 号

出 版 人　谭学余
地　　　址　北京市东城区嵩祝院北巷 39 号　邮编　100009　电话　(010)64027926
网　　　址　www.cnmip.com.cn　电子信箱　yjcbs@cnmip.com.cn
责任编辑　杨盈园　美术编辑　彭子赫　版式设计　孙跃红
责任校对　王永欣　责任印制　李玉山
ISBN 978-7-5024-7948-0
冶金工业出版社出版发行；各地新华书店经销；固安华明印业有限公司印刷
2019 年 1 月第 1 版，2019 年 1 月第 1 次印刷
169mm×239mm；12.5 印张；243 千字；187 页
48. 00 元
冶金工业出版社　投稿电话　(010)64027932　投稿信箱　tougao@cnmip.com.cn
冶金工业出版社营销中心　电话　(010)64044283　传真　(010)64027893
冶金工业出版社天猫旗舰店　yjgycbs. tmall. com
　　　　　（本书如有印装质量问题，本社营销中心负责退换）

序 言

据有关统计资料介绍，目前中国大陆有县城 1600 多个：其中建制镇 19000 多个，农场 690 多个，自然村 266 万个（村民委员会所在地的行政村为 56 万个）。去除设市县级城市的人口和村镇人口到城市务工人员的数量，全国生活在村镇的人口超过 8 亿人。长期以来，我国一直主要是农耕社会，农村产生的废水（主要是人禽粪便）和废物（相当于现在的餐厨垃圾）都需要完全回用，但现有农村的环境问题有其特殊性，农村人口密度相对较小，而空间面积足够大，在有限的条件下，这些污染物，实际上确是可循环利用资源。

随着农村居民生活消费水平的提高，各种日用消费品和卫生健康药物等的广泛使用导致农村生活垃圾、污水逐年增加。大量生活垃圾和污水无序丢弃、随意排放或露天堆放，不仅占用土地，破坏景观，而且还传播疾病，污染地下水和地表水，对农村环境造成严重污染，影响环境卫生和居民健康。

生活垃圾、生活污水、病死动物、养殖污染、饮用水、建筑废物、污染土壤、农药污染、化肥污染、生物质、河道整治、土木建筑保护与维护、生活垃圾堆场修复等都是必须重视的农村环境改善和整治问题。为了使农村生活实现现代化，又能够保持干净整洁卫生美丽的基本要求，就必须重视科技进步，通过科技进步，避免或消除现代生活带来的消极影响。

多年来，国内外科技工作者、工程师和企业家们，通过艰苦努力和探索，提出了一系列解决农村环境污染的新技术新方法，并得到广泛应用。

鉴于此，我们组织了全国从事环保相关领域的科研工作者和工程技术人员编写了本套丛书，作者以自身的研发成果和科学技术实践为出发点，广泛借鉴、吸收国内外先进技术发展情况，以污染控制与资源化为两条主线，用完整的叙述体例，清晰的内容，图文并茂，阐述环境保护措施；同时，以工艺设计原理与应用实例相结合，全面系统地总结了我国农村环境保护领域的科技进展和应用技术实践成果，对促进我国农村生态文明建设，改善农村环境，实现城乡一体化，造福农村居民具有重要的实践意义。

赵由才

同济大学环境科学与工程学院

污染控制与资源化研究国家重点实验室

2018 年 8 月

前　言

随着中国经济的飞速发展和城镇化进程的推进，农村生产生活结构发生巨变，生物质废物的产生呈现多元化、规模化和繁杂化。近年来，我国农村在生物质能开发利用，尤其在沼气利用方面取得了瞩目成就，但由于技术人员匮乏，跟踪维修管理欠缺等原因，导致总体运行效果欠佳。目前，生物质废物仍以简易堆放或无序焚烧为主，资源开发利用效率低下，生态环境问题日趋严峻。特别是随着化石燃料的持续消耗和人类对能源需求的持续增加，生物质能作为重要的替代能源和一种集生产与治理相结合的新型环保产业而备受关注。农村生物质资源丰富，劳动成本相对低廉，因此有效开发利用农村生物质废物，对于保护农村生态环境，推动乡村振兴战略，缓解能源危机，构建低碳循环社会具有重要意义。

本书结合作者及相关领域的最新研究成果，系统阐述了农村生物质综合处理与资源化利用技术的发展现状、应用前景及面临的挑战。本书编写分工为：第1章生物质概述，由甄广印、唐英湘、陆雪琴、石磊、甄远庆编写；第2章生物质秸秆原位机械粉碎与还田技术，由甄广印、王建辉、赵由才编写；第3章生物质饲料转化技术，由甄广印、郑韶娟、陆雪琴、张衷译编写；第4章生物质堆肥与过程调控技术，由苏良湖、孙旭、赵由才编写；第5章生物质厌氧发酵与能源转化技术，由甄广印、支忠祥、陆雪琴、李玉友、张衷译编写；第6章生物质压缩成型燃料化技术，由甄广印、潘阳、陆雪琴、张衷译编写；第7章生物质原料化利用技术，由苏良湖、孙旭、赵由才编写；第8章生物质热化学转化技术，由魏俊、高全喜编写；第9章生物质燃料乙醇制备技术，由张秋卓、侯进菊编写；第10章栽培基料化利用技术，由甄广印、潘阳、陆雪琴、赵由才编写；第11章生物柴油技术，由朱学峰、甄广印编写。全书由甄广印、陆雪琴、苏良湖、魏俊和赵由才负责统稿工作。本书是在国家自然科学基金、上海高校特聘教授（东方学者）岗位计划、上海市科技创新行动计划国际合作项目、上海市浦江人才计划、上海污染控制与生态安全研究院等的支持下完成的，在此表示感谢！

由于作者水平有限，且农村生物质处理与资源化涉猎面较广，相关技术的研究还在不断更新和完善中，因此书中若有不足和疏漏之处，敬请读者批评指正。

作者

2018 年 8 月

目　　录

农村生物质的来源与特性

能源是人类生活发展的物质基础和国家发展的重要战略物资，按照来源可分为：（1）来自地球外部的能量，主要是太阳能；（2）地球本身蕴藏的能量；（3）地球和其他天体相互作用产生的能量，如潮汐能。按生产方式可以分为一次能源和二次能源，一次能源主要是天然能源，包括可再生的水能、风能、太阳能、地热能、生物能、海洋能和核能等以及不可再生的煤炭、石油和天然气等化石能源。二次能源主要是指一次能源经过加工后直接或间接转化而来的电能、化石燃料产品和沼气等。按照对环境的影响来分，又可分为清洁型能源和污染型能源。除此之外，还可以按能源是否作为商品进入能源市场进行交易分为商品能源和非商品能源。

随着工业时代的到来，化石燃料在历史的舞台上燃起熊熊烈火，为人类现代生活带来了光明与希望，解放了人类的双手，人们的物质生活水平得到极大的改善，但同时也灼烧了地球的容颜。经济迅速腾飞，接踵而至的是能源危机、全球变暖、生态环境恶化等不容忽视的现实。作为可再生的、清洁型的"太阳能改装工厂"，生物质能逐渐成为能源发展的重要方向。

1.1　生物质的来源

生物质是指通过光合作用而形成的各种有机体，即一切有生命的可以生长的有机物质的总和。生物质能是太阳能以化学能的形式贮存在生物质中的一种能量，生物质能源是仅次于煤炭、石油和天然气的第四大能源，占世界一次能源消耗的14%。每年约2200亿吨有机物通过光合作用合成，相当于人类每年所需能耗的10倍。生物质能分布广泛，具有可再生性、环境友好性和碳中性，也是唯一可固碳的可再生资源，是来自太阳的优质燃料，生物质的产生与资源化流程如图1-1所示。

生物质的狭义定义是指农林畜牧业生产过程中除粮食、果实以外产生的秸秆、树木和禽畜粪便以及再次加工产生的脚料等物质，但这一定义已不满足现阶段生物质能源发展应用现状。目前国内外所利用的生物质原料的内容大大丰富，能源作物和微生物等生物质能原料也登上舞台，能源植物通常包括速生薪炭林、能榨油或产油的植物、可供厌氧发酵用的藻类和其他植物等，如绿色藻类可将二氧化碳转化为一种高浓度的液体能源物质。

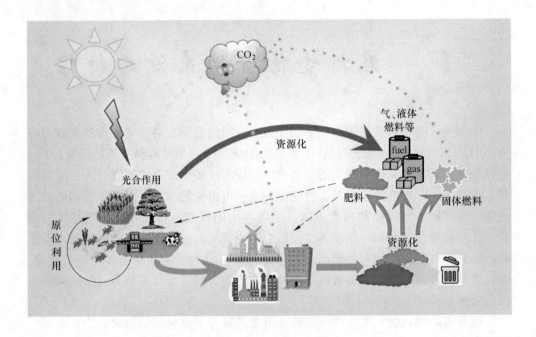

图 1-1　生物质的产生与资源化流程

1.2　生物质的种类

　　生物质按照原料成分可分为糖类、淀粉类和木质纤维素类。一些生物质还含有脂肪等物质。目前主要按照原料来源进行分类：（1）农作物秸秆；（2）林业生物资源，如乔、灌、草；（3）农林产品加工的废弃物；（4）禽畜粪便；（5）生活和工业有机垃圾和废物等；（6）能源作物（能源植物、能源藻类、能源微生物）。生物质的实物与分类如图 1-2 和图 1-3 所示。

　　农作物秸秆是指小麦、水稻、玉米、油菜、棉花等农作物在收获籽实后的剩余部分，富含氮、磷、钾、钙等元素，秸秆的传统处理方法是作为饲料、柴薪，但是秸秆的能量密度低，约 100kg/m³（生活垃圾约 200kg/m³，原煤约 1400kg/m³），直接燃烧的热值低，且燃烧产生的气体会影响大气环境。煤与部分生物质的热值和组成成分的对比见表 1-1。目前，还田、固化成型、厌氧发酵、生物质热化学转化等方法是实现秸秆等生物质高效利用的重要途径。

　　林业生物质资源主要有三类：（1）木质纤维素类包括薪炭林、灌木林等；（2）木本油料类包括油桐、黄连木等；（3）木本淀粉类包括板栗、芭蕉芋等。中国现有森林面积 208 万平方千米，生物质总量超过 180 亿吨。林业生物质资源的主要利用方法有厌氧发酵、生物质热化学转化等。

玉米秸秆　　　　　废弃秸秆　　　　　羊粪　　　　　　牛粪

园林废物　　受污染水体　　　餐厨垃圾　　　　污水污泥　　　　　藻

图 1-2　典型农村生物质实物

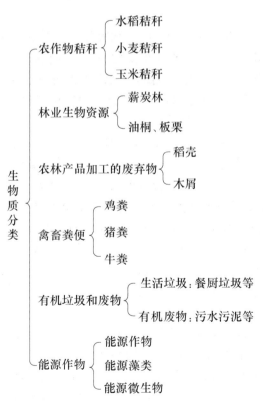

图 1-3　生物质的分类

表 1-1　煤与部分生物质热值、组成成分的对比

燃料种类	高位热值 /kJ·kg^{-1}	低位热值 /kJ·kg^{-1}	水分/%	工业分析法（不含水分）			元素分析法（不含水分）		
				挥发分 /%	灰分 /%	固定碳 /%	碳/%	氮/%	硫/%
西部煤	30471	21564	6.0	38.5	9.7	51.8	75.9	1.5	2.8
中部褐煤	15875	10585	32.2	57.6	13.7	28.7	59.9	1.0	1.5
硬木	19771	15353	50	80.0	2.3	17.1	48.9	0.2	0.01
秸秆	—	12130	8.39	67.36	10.9	19.35	49.04	1.05	0.34
杂草		13050	9.43	68.77	11.46	16.4			
花生壳	—	15790	13.8	68.1	1.6	22.42			
稻壳		12370	11.6	62.61	5.62	13.95	46.2	2.58	0.14
杉木	—	13798	13.2	81.2	0.74	14.79	52.8	0.1	

　　农林产品加工的废弃物在农林资源生产加工利用的过程中产生，主要是植物纤维类物质，如水稻的稻壳、木屑等，处理方法有饲料转化、堆肥、发酵产沼等。

　　禽畜粪便包括猪、牛、羊、鸡、鸭、狗等禽畜的粪便排泄物，其含有大量的有机物，富含氮元素，可作为有机肥的重要原料。在化肥尚未普及之前，禽畜粪便是最主要的农业肥料来源。干燥后的禽畜粪便也可以作为燃料直接燃烧供热。禽畜粪便和秸秆也是沼气发酵的两大主要原料。此外，现代禽畜粪便的处理方法还包括精制有机肥、堆肥、饲料转化等。

　　生活和工业有机废物包括生活垃圾（如餐厨垃圾）、有机废物（如污水污泥）等。处理方式有焚烧、热化学转化和厌氧发酵等。餐厨垃圾占生活垃圾较大比例，具有高资源性的特点。据联合国粮农组织（FAO）报道，全球大约有 1/3 的食物（约 13 亿吨）在生产或食用过程中流失或被浪费。污水污泥在污水生化处理过程中产生，富含有机质，同时也含有大量的有毒有害物质，如重金属、病原体等。国家统计数据显示，中国每年的污水产量约 700 亿吨，而单位体积污水约产生 0.3%~0.5% 的污泥。污水污泥的不当处理会造成严重的环境问题和卫生问题，反之，则会带来巨大的环境效益和经济效益。这类生物质的处理方法通常有堆肥、厌氧发酵、饲料转化等。

　　能源作物是直接以制取燃料为目标的栽培作物，主要分为能源植物、能源微生物和能源藻类。甘蔗和油菜等植物富含糖淀粉和油脂，同时也是人类优质的粮食来源，开发时不宜与农争地，因此，筛选和开发能源富集型野生和半野生植物是能源作物来源的关键。藻类也是生产生物燃料的可靠来源，可以累积并储存油脂，一定条件下，油脂含量可达细胞干重的 10%~50%。微生物具有细胞增殖

快、生产周期短、能连续大规模生产等优点，能源微生物如酵母、霉菌、细菌等可以利用碳水化合物、碳氢化合物和普通油脂合成油脂，且不占用农林用地。

生物质原料多元性也决定了处理技术和产品的多元化。不同生物质的化学成分不同，这对生物质资源化处理技术的适用性提出了严峻挑战。生物质主要的转化利用方式分为三类，即物理处理技术（主要是利用机械力将秸秆等生物质原位机械粉碎还田和压缩固化成型燃料化等，物理处理通常作为化学和生物处理技术的预处理环节）、化学处理技术（直接燃烧、热化学转化为乙醇和生物柴油等燃料物质）和生物处理技术（厌氧发酵、原料化等）。在实际生产应用过程中，三种处理技术通常联合使用，以达到最佳处理效果。现代生物质能利用是指借助热化学、生物化学等手段，通过一系列先进的转化技术，生产出固、液、气等高品位能源来替代化石燃料，为人类生产生活提供电力、交通燃料、热能、燃气等终端能源产品。部分生物质元素成分及资源化方向见表1-2。

表 1-2 部分生物质元素成分及资源化方向

生物质	化学元素（质量分数）/%				资源化方向
	C	H	O	N	
麦稻秸秆	42.37	5.84~6.92	43.41~48.84	0.74~1.05	还田、堆肥、厌氧发酵等
玉米秸秆	43.38	5.75	49.00	0.97	还田、堆肥、厌氧发酵等
稻壳	46.20	6.10	45.00	2.58	堆肥、饲料转化、厌氧发酵等
杉木	52.80	6.30	40.50	0.10	厌氧发酵、生物质热化学转化等
鸡粪	31.54	4.48	59.70	4.28	堆肥、厌氧发酵、饲料转化等
猪粪	43.03	6.08	47.09	3.08	堆肥、厌氧发酵、饲料转化等
牛粪	42.07	5.60	50.58	1.75	堆肥、厌氧发酵、饲料转化等
城市生活垃圾	15.59~16.64	2.78~3.04	11.30~13.06	0.41~0.44	焚烧发电、热化学转化、厌氧发酵等
污泥	34.04	5.027	23.482	6.09	堆肥、厌氧发酵、饲料转化等
餐厨垃圾	43.52	6.22	34.50	2.79	堆肥、厌氧发酵、饲料转化等

1.3 生物质的特点

1.3.1 生物质来源与种类

每年通过光合作用储藏的太阳能相当于全球年耗能量的 10 倍。全球森林生物质存有量为 1650×10^9t。世界上现存的生物质不仅数量庞大，且种类繁多，目前已知生物为 25 万多种。有赖于现代生命科学和生物技术的高速发展，基因、蛋白质、转基因等方面的技术逐步完善和成本降低，让新兴的能源微生物、藻类和植物的研究和开发迈入新的进程。

1.3.2 生物质是唯一可固碳的可再生能源

生物质能是太阳能通过光合作用转化为化学能（$6CO_2 + 6H_2O \xrightarrow{\text{光照、酶、叶绿体}} C_6H_{12}O_6(CH_2O) + 6O_2$）储存在有机体内的一种能量形式，是取之不尽、用之不竭的可再生能源。不仅如此，生物质能形成过程还是 CO_2 的固定过程，可以有效地减少温室气体。生物质还可以转化为生物燃料等能源物质，为人类生存发展提供物质基础。因此，生物质能是具有碳中性特质的优质可再生能源。

1.3.3 生物质能源是未来全球能源发展的必然趋势

据估计，全球的煤炭最多可再开采 60 年，石油为 40 年。中国的形势则更为严峻，我国煤炭和石油的人均可采储量只有世界平均水平的 55%和 11%。就植物而言，每年生物质能产量为人类消耗矿物质能的 20 倍，作为能源用途的生物质能仅占总量的 1%。相较于化石燃料而言，生物质发电排放的二氧化硫、氨氮化合物和烟尘等污染也远低于燃煤发电。能源安全、生态环境恶化和全球变暖是目前全球所面临的重大危机，走可持续发展道路是唯一途径，生物质能作为可再生、清洁型和碳中性的新兴能源，具有其他能源不可比拟、不可替代的优越性。因此，生物质能源作为人类能源被重点发展是全球必然趋势。

目前，世界各地生物质能消费占当地总能源消费的比例为非洲约 60%、亚洲约 44%、欧洲约 4%、大洋洲约 35%、北美洲约 4%、南美洲约 26%、中美洲约 15%。发展中国家高于发达国家，在非洲等不发达地区，生物质能消耗占总耗能达 90%以上。

日本"阳光计划"：日本一个主要依靠石油进口的国家，1973 年出现石油危机后，为寻找石油的替代燃料，通过开发各种新能源来缓解化石能源对环境的污染，为此发布了"阳光计划"。"阳光计划"主要包括太阳能、地热能和氢能的利用以及煤的气化和液化，也包括风能、海洋能和生物质能的转化利用，这一计划促进了日本新能源的开发利用。1993 年，日本实施新的"阳光计划"，着重解决清洁能源问题。到 2020 年，科研经费将达到 15500 亿日元，目标是减少日本现有能耗的 1/3，降低 50% 的 CO_2 排放量。

巴西"燃料乙醇计划"和"生物柴油计划"：巴西 2006 年农业 GDP 占总GDP 的 27.2%，是一个真正意义上的农业大国。巴西盛产甘蔗，也是世界上最大的乙醇生产国，每年乙醇产量高达 120 亿升。20 世纪 70~80 年代的两次石油危机对巴西的经济造成沉重打击，迫使巴西另寻能源出路。1975 年，巴西施行"燃料乙醇计划"，80 年代达到乙醇燃料的利用巅峰，然而由于政策改变和石油价格下调等原因，巴西的乙醇燃料无人问津。21 世纪初，石油价格攀升，环境问题得到各国重视，清洁能源登上历史舞台，乙醇燃料再次在巴西掀起热潮。在此基础上，2004 年 12 月巴西政府发布了临时法令"生物柴油计划"。

欧盟"欧盟生物质行动计划"：目前，在欧盟可再生能源消费总量中，生物质能占 65%，约为能源消费总量的 4%。为创建良好的市场外部条件，建设一个共同的、稳定的可再生能源政策框架，欧盟委员会及成员国制定了一系列政策，以鼓励生物质能的开发利用。"欧盟生物质行动计划"于 2006 年正式颁布实施。除此之外，"欧盟环境技术行动计划（2004）"和"欧盟交通生物质燃料法令（2001）"等也为欧盟生物质能发展提供了目标框架和约束体系。

美国"国家 307 规划"和"区域物质能源计划"：20 世纪 70 年代以来，美国就一直非常注重生物质能的研究。"国家 307 计划"提出利用可再生资源满足美国能源需求的远景计划，该计划由乙醇、生物柴油、农用替代能源和生物能四个研究部分组成。"区域生物质能源计划"定位于美国的五个区域，1979 年创立第一个区域，于 1983 年美国国会正式建立该计划，1987 年第五个区域包括剩下的 13 个西部的州创立。该计划的目标是提高工业和政府计划的成就，特别是评定目前和未来生物量资源的实用性以及使用和应用研究需求，到 2010 年将生物质及其产品使用率提高到 30%。美国能源部成立了美国能源部生物能源研究中心，包括能源部生物能源和科学研究中心、能源部联合生物能源研究所和能源部大湖生物能源研究中心。

在发展中国家中，印度的可再生能源开发利用异军突起。发布了"绿色能源工程计划"，旨在开发和利用可再生能源，目前主要集中在太阳能、节能和风能开发利用。中国能源消耗居世界第二，是石油进口大国，同时也是一个农业大国。生物质能源的开发利用不仅可以保障国家能源安全、改善生态环境和缓解温室效应，还可以有效解决"三农"问题、增加农民收入、创造更多农村就业机会。中国国土面积为 960 万平方千米，总人口为 13.82 亿，属于人多地少，人均耕地面积约 $1000m^2$。因此，在种植生物质能源作物时，应避免与农作物争地，

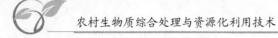

尽量使用边际用地。我国农村生物质能约占全部生物质能的 70%以上，虽然资源丰富，但多为能效低、污染环境的传统利用方式。

2015 年，我国商品化可再生能源利用量（标准煤）为 4.36 亿吨，占一次能源消费总量的 10.1%。生物质能继续向多元化发展，各类生物质能利用量约 3500 万吨（标准煤）。2016 年最新颁布的《可再生能源发展"十三五"规划》中指出，可再生能源是能源供应体系的重要组成部分，全球可再生能源开发利用规模不断扩大，应用成本快速下降，发展可再生能源已成为许多国家推进能源转型的核心内容和应对气候变化的重要途径之一。目标是实现 2020 年和 2030 年非化石能源分别占一次能源的 15%和 20%，加快建立清洁低碳的现代能源系统，促进可再生能源产业持续健康稳固发展。到 2020 年，生物天然气年产量达 80 亿立方米，建设 160 个生物天然气示范县；生物成型燃料利用量达 3000 万吨；生物质发电总装机达到 1500 万千瓦，年发电量超过 900 亿度；生物液体燃料年利用量达到 600 万吨。

2 生物质秸秆原位机械粉碎与还田技术

2.1 技术概念与原理

2.1.1 秸秆原位还田

秸秆原位粉碎还田技术是指各类农作物秸秆在不进行二次运输的情况下，直接通过秸秆粉碎机原位粉碎，并通过还田机翻入土中作为作物肥料的技术。秸秆原位还田分为覆盖还田和翻压还田。覆盖还田是将作物秸秆粉碎后直接铺盖于土壤表面，一般以整株还田覆盖为主，铺盖量一般在 $225\sim300t/km^2$，能起到较好的保墒、保温和保湿等作用。翻压还田即在作物收获之后，将作物秸秆在下茬作物播种或者移栽前翻入土地中，是为解决土壤肥力逐渐下降的难题而研发的。翻压还田包括秸秆粉碎撒施压、残留高茬翻压以及整草直接翻压。目前，国内一般使用还田机将秸秆粉碎，均匀抛洒于地表，在下次施肥时配合化肥一同翻入土壤，深度为 $20\sim30cm$。研究表明，在还田秸秆量相等的情况下，三年后秸秆覆盖和翻压还田土壤中的有机质分别增加 30.1%和 19%。这是因为翻压还田能够使得秸秆分解速度更快，使营养物质很大一部分被水淋失，仅有一小部分保留下来形成土壤有机质；相比而言，覆盖还田中秸秆的分解速度较慢，分解形成的有机物很大一部分被有效转化为土壤有机物。但另一方面，秸秆覆盖还田对土壤有机质的增量仅发生在土壤表层（$0\sim10cm$），翻压还田则可以涵盖大部分的耕作层。此外，翻压还田操作较为简单，但是对还田机要求颇高，受到地域条件限制，且能耗较高。覆盖还田相比翻压还田而言，不利于灌溉，影响播种，因此此方法在较为干旱地区相对适用。总体而言，翻压还田是我国当前较为主流的秸秆还田方式。

2.1.2 机械化秸秆还田

秸秆还田具有劳动强度大，持续时间短的特点，为了保证良好的还田效果，如何有效降低劳动强度、提高工作效率成为还田技术的研究重点与难点。机械化秸秆还田技术是由动力机械驱动还田机具将农作物秸秆直接粉碎并还田，达到同时完成多道作业工序的目的，解决了还田劳动强度大的问题，生产效率可提高40倍以上，极大地合理利用了秸秆资源。同时，秸秆原位还田还具有改善土壤、降低成本、环境友好等特点。

2.2 秸秆直接还田技术的发展史与特点

20世纪30年代美国就已提出了机械化保护性耕种法，该法进而成为了西方发达国家的基本农业耕作措施与制度。自20世纪30年代起，西方发达国家就开始投入使用秸秆粉碎还田机，并在实际使用中取得了较好的效果；20世纪50年代末，美国已全面实现了谷物的收割机械化，同时发明了新型秸秆还田机。美国万国公司于60年代初首次在联合收割机上运用切碎机对秸秆进行粉碎原位还田，并发明了与90kW拖拉机配套的60型秸秆切碎机。英国在此基础上于80年代初在收获机上对秸秆进行粉碎，并采用犁式耙进行深埋工艺。日本采用在半喂入联合收割机后加装切草装置，一次完成收割和秸秆粉碎工艺，粉碎后的茎秆残体长度在10cm左右。80年代以后，保护性耕种不仅仅局限在发达国家，亦慢慢推广应用至70多个国家和地区。据统计，2002年全世界保护性耕种总面积达169万平方千米，占世界总耕地面积的11%，其中美国以及巴西的保护性耕种面积分别有67.69万平方千米（60%）和39.9万平方千米（72%）。2008年澳大利亚的保护性耕种面积占到了国家总耕地面积的77%。2015年美国生产秸秆的直接还田率约为65%，预计在2020年达到70%。

在中国，秸秆的直接粉碎还田技术最早出现在20世纪50年代的北方，部分农场开始推广玉米秸秆直接还田技术，数年后诸多高校以及农业科学院开始逐渐接触这一方面的研究工作，北方持续推行其他作物秸秆还田技术。自20世纪70年代末开始，中国在借鉴国外农业科技成果的基础上，继而研发出了秸秆、根茬粉碎还田和整株还田的机械化技术，山西、吉林、黑龙江等省先后开始对保护性耕作技术进行了体系研究，当时仍以整株还田覆盖为主。80年代，北方高产地区以及南方两三熟制地区开始大面积推广和应用原位还田技术。到90年代初，山东、山西、河南、北京等省市亦大力推广此技术，秸秆还田机具拥有量达到2.5万台。随着技术的不断更替进步，许多新型原位还田农具被陆续研发和使用，包括粉碎还田机和灭茬还田机等。即便如此，中国的直接还田技术还有待改善，作物秸秆的原位还田比例仍较低，2006年年产农作物秸秆中6%~7%用作直接还田，2010年玉米秸秆原位还田比例不足15%。2013年，中国秸秆机械化还田面积达到了370万平方千米。2016年，中国秸秆直接还田量约为4.38亿吨，比例为45%，但仍比发达国家低20%左右。国内外秸秆直接还田技术的发展历程如图2-1所示。

2.2.1 增加土壤养分、有机质和肥力

国内外研究与实践结果证明，大约有65%的作物，其产出量由土壤肥力所决

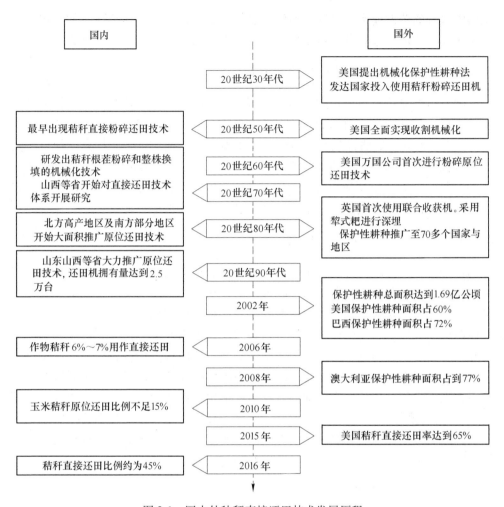

图 2-1　国内外秸秆直接还田技术发展历程

定。作物秸秆中含有大量的有机质、氮磷钾等养分成分，作为肥料可以很好地补充土壤养分，改善土壤性质。研究表明，秸秆还田一年后土壤有机质增加0.15%，全钾增加0.9%，全磷增加0.018%。同时，土壤孔隙度增加2%~8%，通气孔隙增加7.5%，土壤的物理性状得到改善，加速了秸秆在土壤中腐解吸收速率，提高了土壤肥力。美国玛洛试验地的实验证明，秸秆还田可明显增加土壤的营养物质含量，其中氮、磷、碳、硫增幅分别为37%、14%、47%、45%。英国的洛桑实验站持续试验了百余年，实验结果显示每年每公顷翻压玉米秸秆7~8t，18年后土壤的有机质含量提升了2.2%~2.4%。吴婕等人通过实验得出，经过秸秆覆盖还田处理，土壤中的速效钾提升了1.06%~9.62%，速效磷含量提升了2.82mg/kg。此外，原位还田可以很好地降低降水对土壤地表的冲击作用，降低土壤中水分的蒸发速率，增强土壤的蓄水保墒能力，有利于提高降水的利用率及抗旱减灾。增加土壤养分和蓄水作用对增加农作物产量起着至关重要的作用。

2.2.2 降低秸秆处理与农作物产出成本

随着秸秆原位还田技术的使用，土壤肥力提高，减少了化肥用量。据估计每亩减少百元以上的化肥投入费用，同时在原位还田三年后，每亩增产量达到15%。张建群等人的研究表明在秸秆全量还田后，耕地质量得到提高，使得小麦生长过程中降低肥料成本约 217.5 元/hm²，水稻成长过程中成本降低约 247.5 元/hm²。另一方面，原位还田旨在利用原位还田机一次完成收割、粉碎以及还田步骤，降低了秸秆处理成本，减小了劳动强度，机械化水平更高。

2.2.3 环境友好、发展潜力巨大

秸秆还田是一项同时进行了绿色处理秸秆、资源化利用废物以及降低生产成本的工作，符合现今国家环境保护政策，具有较好的发展前景。中国虽为资源大国，但仍是资源紧缺型国家，过度耕种以及肥料农药的滥用对我国很大一部分的耕地造成了破坏，农业生产越来越难，利润空间逐渐变小。秸秆原位还原的应用较好地解决了此类问题，但至今为止中国的原位还田技术仍有待提高，原位还田比例也存在很大的提升空间。总体而言，中国秸秆原位还田仍处于发展阶段，还有很大进步空间。首先，需要加快攻克秸秆还田机械化的技术难关，实现科学还田，最大化地增强还田的各方面效益；其次，要增强秸秆还田技术的推广意识和秸秆资源化意识；最后，要建立配套的法律制度政策，采用资金扶持和奖励、政策引导和技术支撑等方式推动秸秆还田的实施。

2.3 技术与应用现状

2.3.1 玉米秸秆原位粉碎还田技术

2.3.1.1 工艺路线

玉米秸秆机械化粉碎还田作业可以采用两种工艺路线，如图 2-2 所示。

玉米秸秆机械化粉碎还田工艺路线中，各个环节的具体操作如下：

（1）摘穗：玉米成熟后趁秸秆呈青绿色时及时摘穗（连同苞叶一起摘下）。

（2）切碎：摘穗后趁秸秆青绿色（含水率不小于 30%），及时用拖拉机配套粉碎机切碎秸秆，切碎过后的秸秆长度不大于 10cm，茬高不大于 5cm，防止漏切。

（3）施肥：在秸秆切碎后需要施加氮肥，补充氮含量，调节碳氮比（从 80∶1 调整到 25∶1）。通常来说，将氮肥均匀撒于田间即可，碳酸氢铵的施加量约为18t/km²。（4）灭茬：用重耙或旋耕机作业，铲除切碎根茬并将其与粉碎秸秆、

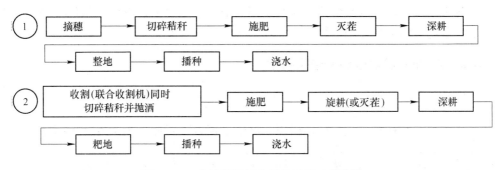

图 2-2　玉米秸秆机械化粉碎还田工艺路线

化肥和表层土壤充分混合。（5）深耕：用拖拉机牵引各机型犁进行深耕并压实，耕深不小于 20cm，通过耕翻、压盖等作业消除因粉碎秸秆而形成的土地空穴，为播种提供更加稳定良好的条件。（6）播种：使用播种机作业播种，深度为 3.5cm，同时将覆土压实，种子破碎率不大于 0.5%，不出现漏播、重播等现象。（7）联合收割机作业：在玉米采摘机后加装高速玉米秸秆粉碎装置，同时达到收割、粉碎并抛洒的效果。

工艺 2 中使用联合收割机收获玉米并将秸秆粉碎直接抛洒至田间，相比工艺 1 中先使用人工或机器摘穗，再使用还田机粉碎秸秆还田的作业方式更加便捷，且减少机械下地次数，节省环保。

2.3.1.2　技术要求

作业过程中需要注意诸多事项，以保证还田质量。

（1）及时还田：在玉米收获后应及时进行还田作业，以保证秸秆的糖分充足，含水率在 30% 以上，容易粉碎，同时有利于加快秸秆腐烂分解，增加土壤有机质。

（2）充分粉碎与抛撒：玉米秸秆粉碎长度不超过 10cm，过长会造成覆土存在架空空间，影响作物出苗与生长。粉碎秸秆的抛撒宽度以与割幅同宽为好，误差在 1m 左右，秸秆破碎合格率大于 90.0%，秸秆被土覆盖率大于 75.0%，根茬清除率大于 99.5%。

（3）适当补充氮源：在秸秆腐化分解的过程中需要消耗氮元素，会出现氮元素不足导致作物生长不理想的情况，因此在秸秆粉碎还田时需要补充氮肥（尿素 $15 \sim 22.5 t/km^2$）。

（4）灭茬后适当深耕：深耕不小于 23cm，翻埋后要耢耙、压实、整平，消除土壤间的架空部分，为后续耕种创造良好条件。

（5）防病虫害：腐熟过程中的秸秆环境有利于地下虫害的取食和繁殖，因此在还田过程中应当积极预防虫害，选用生长较好的秸秆进行还田，剔除带病秸秆，防止病虫害蔓延以及传播。倘若使用药剂灭杀病虫害，应尽量采用生物药剂防治，避免影响秸秆还田效果。

2.3.2 麦-稻秸秆原位粉碎还田技术

2.3.2.1 工艺路线

小麦水稻秸秆机械化粉碎还田作业可以采用以下两种工艺路线（见图2-3）。

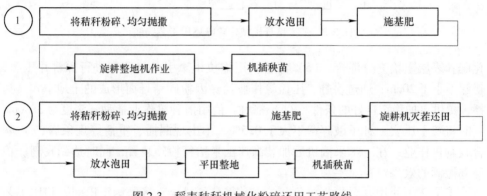

图2-3 稻麦秸秆机械化粉碎还田工艺路线

2.3.2.2 技术要求

作业过程中需要注意诸多事项，以保证还田质量：

（1）规范作业：一般作业两次，第一次速度较慢，第二次速度较快；两次作业当纵横相错进行；在作业时，应当根据实际情况规划作业路线，尽量避免重耕、漏耕，减少转弯次数；耕深必须不小于15cm。

（2）适当施肥：与玉米秸秆操作类似，在施用常规肥料的基础上增施氮肥，可以为微生物腐蚀消化粉碎秸秆提供充足的氮源，从而加快秸秆转化为土壤有机质的速率。肥料优先选用铵态氮或尿素（有机与无机肥联用最佳），均匀撒在粉碎秸秆上，施肥量约为 $7.5 \sim 15t/km^2$。

（3）合理泡田：放水泡田时必须把控泡田参数，泡田时间控制在 $24 \sim 48h$，深耕深度不小于15cm，翻犁24h后，用耙耙平，水深为 $1 \sim 3cm$，水深过深会导致浮草繁殖，作业时注意秸秆埋土效果；若水深过浅，水分无法完全渗透土壤耕作层，秸秆泡不完全，作业时作业负担大，作业后田面不平整。

（4）充分沉淀：平田整地后，尽可能让泥土沉实，以防止机插秧苗过程中发生漂秧、倒秧和栽插过深等问题，影响作物产出。根据不同土地性质，沉淀时间在 $1 \sim 3d$ 不等。

（5）控田：水稻移栽返青后，应立即采用露天脱水，以便土壤能够及时释放有毒气体，进行土壤气体交换，促进作物根系生长。

2.3.3 秸秆粉碎还田机

2.3.3.1 还田机类型

秸秆粉碎还田机是我国目前广泛使用的装于旋耕机的衍生机械，通过对旋耕机进行结构改装，实现秸秆的粉碎还田功能。秸秆粉碎还田机通过万向节传动轴或链传动、皮带将拖拉机动力输出轴或联合收割机的动力经过机械传动系统传递至粉碎部件，粉碎部件带有锋利刀片，在高速旋转下，作物秸秆被粉碎并抛撒至田间。卧式和立式秸秆粉碎还田机的工作原理如图 2-4 和图 2-5 所示，逆向高速旋转的锤爪将竖立或地面的秸秆抓起并带入粉碎室。此时粉碎刀高速旋转所形成的气流会在喂入口处形成负压，从而使得秸秆被吸入机壳内，机壳内安装有定齿与定刀，秸秆在机壳内受到阻挡限制挤压后被多次剪切、撕裂，从而被粉碎成小段的秸秆残体，最后在气流以及离心力的作用下被抛撒出去并被紧跟其后的地轮压实。秸秆直接粉碎还田机械主要有甩刀式碎土灭茬机、秸秆还田旋耕机、秸秆粉碎抛撒机、深翻犁以及装有覆茬器的铧式犁等类型。不同的秸秆在还田过程中作业条件不同，选择的机型也不相同。秸秆粉碎还田流程如图 2-6 所示。

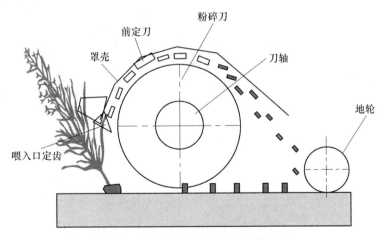

图 2-4　卧式秸秆粉碎还田机工作原理

秸秆粉碎还田机有多种分类方法，具体见表 2-1。目前，国内较为普遍使用的秸秆粉碎还田机是与拖拉机和联合收割机配套，采用齿轮、单边胶带传动的卧式秸秆粉碎还田机，通常采用逆转方式作业，能够充分地将地面的秸秆喂入并粉碎，而立式秸秆粉碎还田机多用于棉花秸秆的粉碎还田。随着科技的不断发展，目前小面积的耕地更多地运用悬挂牵引式秸秆粉碎还田机，大面积耕地则更多地运用自走式玉米联合收获机，可以做到玉米收获以及秸秆直接原位还田同时进行的一站式作业，减少了大型机械的使用次数，节省能源、保护耕地。

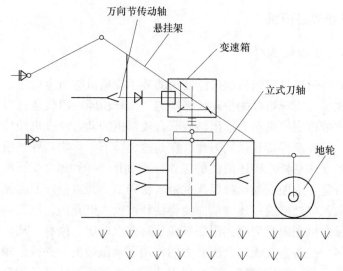

图 2-5 立式秸秆粉碎还田机工作原理

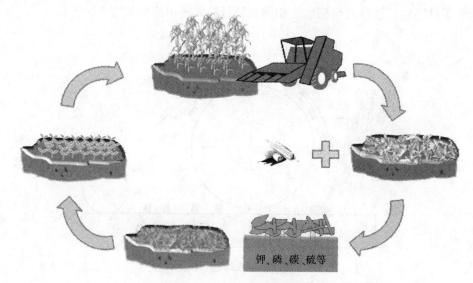

钾、磷、碳、硫等

图 2-6 秸秆粉碎还田流程

表 2-1 秸秆粉碎还田机的分类

分 类 方 式	还田机种类
	锤爪式秸秆粉碎还田机
按主要工作部件粉碎刀的结构形式	Y 型甩刀式秸秆粉碎还田机
	直刀式秸秆粉碎还田机

续表 2-1

分　类　方　式	还田机种类
按粉碎刀轴的运动方式	卧式秸秆粉碎还田机
	立式秸秆粉碎还田机
按动力传动方式	单边传动秸秆粉碎还田机
	双边传动秸秆粉碎还田机
	齿轮、胶带传动秸秆粉碎还田机
	齿轮、链条传动秸秆粉碎还田机
按配套方式	与拖拉机配套的秸秆粉碎还田机
	与联合收割机配套的秸秆粉碎还田机
按粉碎作物种类	玉米秸秆粉碎还田机
	稻麦秸秆粉碎还田机
按机具相对于拖拉机宽度的关系	正配置秸秆粉碎还田机
	偏配置秸秆粉碎还田机

A　悬挂式秸秆粉碎还田机

悬挂式秸秆粉碎还田机体积较小，与拖拉机配套使用，悬挂于拖拉机后方，由拖拉机传动，由喂入装置、捡拾装置、粉碎系统、传动系统、机壳与地轮等组成，适用于小面积耕种作业，操作较为简易，如 4JGH-1.5 秸秆还田机采用锤爪式的甩刀，将秸秆切碎后抛撒于地面，最后通过地轮整平。而 FXZ 系列秸秆还田机可以因地制宜，更换不同的甩刀类型，以达到最佳的粉碎效果。

B　自走式秸秆还田机

自走式秸秆还田机与玉米联合收割机配套使用，同步达成收割还田两步骤，节省劳动成本、时间成本以及保护耕地环境。例如 4YZP-4A 型自走式玉米联合收割机可以针对小规模耕地面积类型，例如中原地区，可以实现不对行的收割。4YZ-4 型自走式玉米联合收割机可以进行秸秆回收，即将秸秆粉碎后回收用作饲料。

2.3.3.2　甩刀类型

甩刀作为还田机的核心部件，直接影响了秸秆粉碎还田机的粉碎效果，所以选择合适的甩刀是研发还田机的重要步骤。甩刀形状也在一定程度上影响了刀轴的设计，甩刀按照形状可以分为直刀、锤爪、Y 形甩刀、T 形甩刀、L 形及其改进型以及鞭式甩刀，甩刀类型如图 2-7 所示。

（1）直刀：直刀式一般三片成组使用，间隔较小，排列紧密，工作部分开刃。作业时有多个刀同时进行切断，粉碎效果好，工作效率高。针对有一定韧性

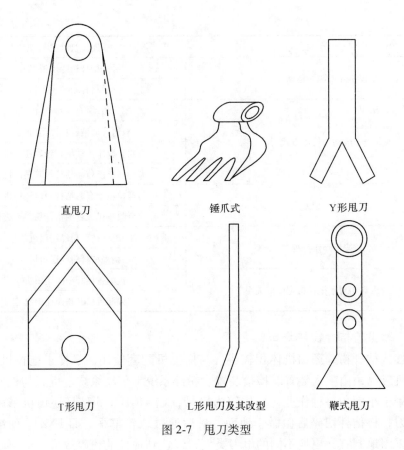

直甩刀　　　　　　　　锤爪式　　　　　　Y形甩刀

T形甩刀　　　　　L形甩刀及其改型　　　　鞭式甩刀

图 2-7　甩刀类型

类的秸秆，粉碎效果尤其好。

（2）锤爪：此类刀形是使用历史最早的一种，锤爪刀质量较大，可以产生较大的锤击力，产生的负压较高，喂入性好，对玉米棉花等硬质秸秆有较好的粉碎性能，但是消耗的功率较大，工作效率低，粉碎质量不佳。

（3）Y形：Y形甩刀大部分部位都开刃，增加了其剪切力，秸秆粉碎程度高，由于Y形的形状原因，对秸秆的捡拾能力较好，相比于锤爪消耗功率较低。

（4）T形：T形甩刀与直刀相比，既有横向切割，又有纵向切割，结构较为复杂，主要运用于立式粉碎还田机。

（5）L形及其改进型：吴子岳发明了L形曲刃刀，正面刃为圆弧曲线，圆弧半径为214mm，侧面刃为直刃，每片刀的作业宽度为80mm，可以在一定程度上降低切割阻力。

（6）鞭式：鞭式甩刀主要分为三个部分：刀座、刀柄以及刀头。由转动装置输出动力带动刀轴旋转，再通过销轴带动刀柄以及刀头旋转，刀具以"三节鞭"式的抽打方式作用于秸秆，秸秆继而被砍切、粉碎，相对能耗较高，粉碎效果好。

不同类型的甩刀都有相应的适用环境以及优劣，根据实际的耕地环境以及作物性质因地制宜，选用最佳的甩刀类型尤为重要。各类甩刀的特点如表2-2所示。

表2-2　不同类型的甩刀特点

刀形 / 特点	直刀	锤爪	Y形	T形	L形及其改型	鞭式
粉碎	较好	好	较好	好	较好	较好
质量	小	大	小	较小	小	较小
体积	小	大	小	较小	小	较小
功率	较小	大	小	较小	小	较大
成本	低	高	中等	较高	中等	较高
其他特点	需组合使用	工作负载增大	捡拾性能出众	横纵双向切割	切断速度低	同时入土破茬

2.3.4　秸秆原位粉碎还田技术瓶颈以及前景

尽管中国秸秆原位粉碎还田比重已经达到了45%，但是与西方发达国家相比，仍然处于较低水平，并且国内的地域差异较大，总体上还面临着较大的困难，具体体现在以下几个方面。

（1）相关技术制约：在秸秆原位粉碎还田技术上，仍然有部分的关键技术有待攻克。在机械上，需要研发粉碎效果更好的粉碎机，同时需要研发配套的收割、整地、深耕装置。技术方法上，需要针对各种不同地形气候情况优化还田作业流程，包括了耕作方法、播种条件以及水分调节，以期达到最优的作物生长环境，极大地增大作物产量增幅。

（2）传统耕作惯性与群众的认识不足：认识不足是一个长期而又致命的问题，对于新革新技术他们更加看重的是其中的经济效益，然而秸秆直接还田技术带来的经济效益无法直观体现，而是在长期和整体的层面体现出来。同时带来的问题便是传统耕作方式的惯性，秸秆直接还田技术需要将耕作模式整体进行更改，需要重新配置机械，更改土地的利用方式，短时间内无法做到彻底地改变传统的耕作模式。

（3）小范围耕种成本太高：从宏观的角度看，秸秆直接还田的确能够将秸秆减量化处理，降低环境的二氧化碳排放，甚至将其资源化利用，达到了一石三鸟的目的。然而从个人的角度看，尽管秸秆直接还田能够增加土地肥力、改善土壤性质、提高作物产量，但同时也面临着机具投入以及病虫害防治成本的增加。加上秸秆原位还田技术的门槛较高，需要配合合理的配套措施以及作业技术，这无疑给小体量的农户增加了一道成本壁垒，使得直接还田普及的难度进一步增大。

（4）各级政府的重视程度不足，政策不健全：不少地方的秸秆直接还田技术都停留在形式，并没有深刻贯彻下去。相比于国外的政策扶持，国内缺少此类的政策来刺激农民积极选用本技术以及研究人员积极研发新型机具或技术。

即便如此，秸秆直接原位还田技术在我国仍然有较大的前景，具体表现如下：

（1）中国具有足以推广的直接还田技术：经过长期的实践与研究，秸秆直接还田技术已经较为成熟，很多技术已经较好掌握，包括补充水分促进秸秆腐解，针对不同情况选用合适的机械与耕作技术等。尽管仍有部分技术瓶颈有待攻克，但是对于中国大部分地区，现有科技技术已经足以将秸秆直接原位还田技术加以推广。

（2）保护环境的理念愈加强烈："十三五"规划表示在追求产量质量的同时，保护环境以及增强地力也同样重要，而秸秆直接还田技术恰恰能够符合此需求。改良农田以及可持续农业的发展逐渐变为改善民生的主要手段。取消秸秆焚烧工艺，推广原位还田技术，达到增加土壤有机质、调理土壤性质并将废物资源化利用的效果，全面实现可持续发展的现代农业。

（3）秸秆直接还田相关的政策导向：即便中国现今没有与西方发达国家相同的刺激政策，但已有所实施。2011 年的"中央一号文件"为还田灌溉奠定了较好的政策基础，先前实施的农机补贴政策，在一定程度上推动了农业生产的机械化。相信在相关政策的持续引导和监管下，秸秆直接还田技术将持续得到推广。

2.4　典型案例

位于华北平原东部的某县，以冬小麦和夏玉米一年两熟制为主，占总耕地面积的 80%，是华北典型的粮食高产区。全县土壤主要为褐土、潮土、砂姜黑土三大类，占比分别为 49.7%、22.84% 和 27.04%，土壤肥效较高。该县作为高产县，粮食总产量达到 40 万吨，据估计同时每年将有 40 万吨的秸秆资源。该县自1985 年起开始推行玉米秸秆直接还田技术，90 年代随着小麦联合收获机的推广应用，也逐渐实现了小麦秸秆的直接还田技术。小麦秸秆占据秸秆总产量的一半，约 20 万吨，而其中 14 万吨左右用于直接还田，占小麦秸秆总产量的 70%；玉米秸秆总量约为 20 万吨，其中 8 万吨用于直接还田，约占玉米秸秆总产量的40%。该县玉米还田作业路线如图 2-8 所示。

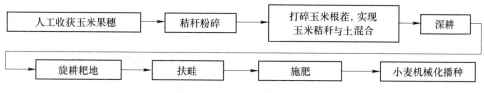

图 2-8　玉米还田作业路线

作业过程中，使用的还田机为石家庄生产的锤爪式玉米秸秆粉碎还田机；利用旋耕机或者缺口圆盘耙旋耕两遍，铲除玉米根茬；使用东方红-75 拖拉机牵引进行深耕，耕深不小于 23cm；利用小麦播种机进行施肥以及小麦机械化播种。

经过还田作业，该县的土壤有机质含量显著增加，从 1982 年的 1.3% 提升至 1998 年的 1.49%。该县农业局点定检测结果显示，实施秸秆直接还田的郭家村西土壤中的有机质含量逐年增长 1.15%，由 1.32% 增至 1.56%，同时土壤中的速效氮和速效磷的含量得到了提升。然而小麦与玉米还田对于土壤中硝态氮的含量影响不大。土壤微生物种类、群落增多，提高了土壤通透性以及团粒结构。在实际使用当中，秸秆还田在保税、抗旱、抑杂草等方面也同样有着较好的效果。该县于 2006 年建成"中国玉米收获机械化第一县"，当年的玉米秸秆还田率达 70%，于 2007 年，被农业部确定为首批"农业机械化示范区"。并从 2007 年开始，当地政府出台政策，使用强制禁止与经济补贴相结合的办法，全面推行秸秆禁烧，促进秸秆原位粉碎还田技术的持续推广。在低碳排放方面，随着该县玉米秸秆的还田比例不断增高，温室气体总体排放呈下降趋势，1996~2009 年，温室气体排放量下降了 8.4%。

该县作为中国早期秸秆直接还田的成功案例，体现了本技术在未来继续发展的必然趋势，展现出了秸秆直接还田的优越性，包括其生态效益、产量效益以及社会效益等。

3 生物质饲料转化技术

3.1 生物质饲料转化技术概念及原理

生物质饲料转化技术是指将禽畜粪便、农林秸秆废弃物、餐厨垃圾等富含饲料营养成分的生物质通过一定的技术手段转化为适口性好、牲畜喜食、消化率高的优质饲料，以用于饲喂牲畜。其不仅有利于缓解中国畜牧业发展的饲料制约问题，同时亦促进中国节粮型畜牧业的发展。

对于农林秸秆废弃物而言，其主要组成为纤维素、半纤维素和木质素，秸秆结构示意图如图 3-1 所示。其中，纤维素与半纤维素以化学键连接，形成稳定的结构；木质素呈网格状，最主要的结构单元是由对羟基肉桂醇单体和相关化合物的氧化偶联合成的芳香族苯丙素亚单位和木质素醇，被认为是刚性较强和相对难处理的生物聚合物。其与半纤维素共价结合，为细胞壁提供强度和刚度，这些因素导致秸秆难以利用。除部分农林秸秆废弃物（小麦秸秆、豌豆荚等）可直接用于饲喂动物外，其余皆需饲料化处理以降低纤维素的结晶度，减少木质素的含量，增加酶水解底物的比表面积，从而提高纤维素酶对纤维素的降解程度，更加迅速地将碳水化合物转化为单糖，以提高秸秆的适口性及消化率。生物质饲料处理不仅有利于提高其在生产中的应用性，同时可缓解粮食供需矛盾，对保护农业生态环境具有重要的现实意义。

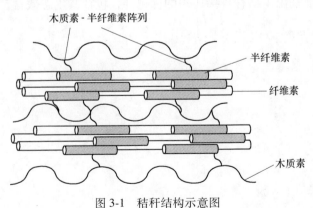

图 3-1　秸秆结构示意图

就禽畜粪便而言，其粗蛋白含量比禽畜饲料高 50%，另外富含多种必需氨基酸、钙、磷、微量元素及各种维生素等。有研究表明，每 100kg 鸡粪饲料相当于

15kg 麦粉精料，作为饲料具有可观的经济价值；但其中亦含有病原菌、寄生虫等，因此使用前需经高温及微生物处理等手段以尽可能消除有害成分。将禽畜粪便处理之后用作饲料，不仅可以解决禽畜粪便的污染问题，同时也可以增加饲料来源，提高养殖效益。

餐厨垃圾作为生物质的重要组成部分，产生较为集中，集中资源化处理较容易。但其组成、性质和产生量随经济条件、地区差异、居民生活习惯、季节变化等的变化而有所差异。总体而言，餐厨垃圾具有含水率高（大于70%）、有机物含量高（约占干物质质量的95%以上）以及营养物质丰富（氮、磷、钾、钙以及各种微量元素等）等特点。其蛋白质的能量水平大致介于玉米和豆粕之间，是一种高能高蛋白优质饲料原料，营养成分完全可以满足其作为饲料原料的基本要求。国内学者通过论证指出，就餐厨垃圾而言，其最佳的资源化层级原则是"优先生产饲料，其余生产肥料"。目前，国外餐厨垃圾饲料化技术比较成熟，主流技术是生化制蛋白，成功案例也较多。对餐厨垃圾的饲料化处理，可有效减少其对土地、水、大气的二次污染，也可切断直接饲喂家畜所引起的致病菌传播与"同源污染"，同时有效扼制"地沟油"的蔓延。

藻类用作饲料的研究相对较少，其蛋白质含量较低，但含有氨基酸、维生素、矿物质等营养物质，可增强机体免疫力、抗病毒、促进生长等，但不同藻类其成分含量变化较大。海藻转化为饲料时应注意控制其高纤维浓度，以及需提高牲畜对其的蛋白质消化率。

综上而言，生物质具有以下适于饲料转化的优点：（1）有机物含量高，营养成分丰富；（2）硫、氮等含量较少，可以减轻对环境的污染；（3）具有可再生性，且来源广泛，产量较为稳定。但目前，受经济及技术的限制，其利用率尚不高，仅占全球能源消耗总量的22%。

3.2 生物质饲料转化技术发展历程

鉴于生物质能源产业发展尚不成熟，企业及个人投入较大，各国纷纷出台补贴政策以推动其发展。瑞典从 1975 年开始，每年从政府预算中支出 3600 万欧元，用作生物质燃烧和转换技术研发补贴；意大利在 1991~1995 年期间，对国内的生物质利用项目提供 30%~40% 的投资补贴；为降低可再生能源企业的运行成本，印度政府为其提供 10%~15% 的设备补贴。到 2009 年，美国玉米种植面积达 35 万平方千米，其中青贮玉米实际收获的面积为 2.27 万平方千米，占 6.5%，总饲料产量达 9816 万吨，价值超过 15 亿美元。从育种到栽培、收获、储存、饲喂，欧洲青贮玉米也占玉米种植面积的 80% 左右，玉米青贮是一项早已成熟的技术产业。

在中国，单就秸秆利用而言，1949~2015 年，国务院和中央各部委共发布关于秸秆资源管理的政策文件达 51 份，足以显示国家对生物质资源管理利用的决心。建国至十一届三中全会召开的 29 年间，考虑到中国能源短缺的国情，秸秆管理政策主要是促进秸秆还田、改善农村能源；1979~2007 年，随着能源需求的不断增长，秸秆成为"开发生物质能源"的主要对象；1992 年国务院以文件形式鼓励河南、山东、安徽、河北等 10 省普及秸秆青贮和氨化饲料利用，到"八五"末期，这 10 个省青贮、氨化秸秆（按风干秸秆计）利用率由 3.2% 提高至 12% 以上，效果显著；近期阶段（2007~2015 年），按照农业部《农业生物质能产业发展规划（2007~2015 年）》指示，秸秆管理政策以促进秸秆饲料化、肥料化、食用菌基料化、燃料化及工业原料化等多元化利用为主要目标，因地制宜，大力开发节约程度高、操作简便的新技术。

3.3　生物质饲料转化技术分类与应用现状

3.3.1　青贮饲料生产技术

青贮是指通过乳酸菌等有益菌的发酵作用将各类农作物秸秆、禽畜粪便等转化成具有芳香气味，适口性好、消化率高以及营养丰富的粗饲料。在此过程中，厌氧发酵产生的酸性环境能够抑制各种有害微生物的繁殖，从而达到长期保存青绿多汁饲料及其营养成分的目的。其具体工艺可以分为普通常规青贮和半干青贮（低水分青贮），后者的特点是干物质含量比前者多，含水量 45%~55%（前者含水量 65%~75%），微生物细胞处于生理干燥状态，活动微弱，从而保障原料营养损失较少，因此半干青贮的质量比普通常规青贮高。

3.3.1.1　青贮饲料的生产原理

青贮饲料的发酵过程如图 3-2 表示，一般分为以下几个阶段：

（1）有氧呼吸阶段：青贮原料加入到青贮设施中之后，植物细胞仍保持活性状态，利用原料中残存的氧气继续进行呼吸作用，消耗碳水化合物，排出二氧化碳，同时蛋白质亦被降解为氨态氮和多肽。在此阶段，温度上升。在压实密封状态好的前提下，温度可维持在 20~30℃。

（2）发酵阶段：氧气耗尽，好氧菌停止活动，乳酸菌大量繁殖，产生大量乳酸及乙酸，这一过程可由式（3-1）表示。此时，环境 pH 值降低至 3.4~4.0，抑制其他杂菌的生长。

$$C_6H_{12}O_6 \xrightarrow{\text{厌氧环境}} 2C_3H_6O_3 \tag{3-1}$$

（3）稳定阶段（存贮阶段）：随着 pH 值的持续降低，乳酸菌的繁殖亦被自身产生的酸所抑制，整个体系进入稳定阶段。

（4）饲喂阶段（有氧腐败阶段）：随着开窖饲喂的进行，青贮饲料会暴露于空气中，氧气的进入使得酵母菌、霉菌等开始生长，饲料的有氧稳定性将体现出来，稳定性高的青贮饲料腐败慢，质量优。

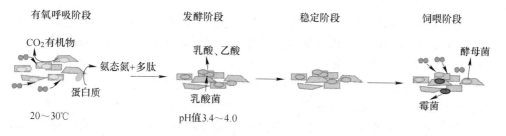

图 3-2　青贮饲料的发酵过程

青贮过程中参与活动和作用的主要微生物种类及其功能、特征见表 3-1。

表 3-1　青贮饲料中主要微生物种类及其功能、特征

微生物	常见种类	功　能	特　征
乳酸菌	同型发酵乳酸菌和异型发酵乳酸菌，主要有 Lactobacillus、Enterococcus、Leuconstoc、Lactococcus 和 Pediococcus 等	青贮饲料中主要的厌氧微生物	同型发酵利用糖发酵，最终产物主要是乳酸；异型发酵时产生乳酸、乙酸和乙醇等。相对而言，同型发酵能更充分利用营养，减少物质损失
真菌	酵母菌和霉菌等	酵母菌被认为是青贮初期饲料变质的最重要的微生物因素；霉菌是青贮饲料中的有害微生物，也是导致青贮饲料好气性变质的主要微生物	厌氧条件下，酵母菌发酵将糖降解为乙醇和 CO_2，使得青贮饲料有酒香味，同时使青贮的 pH 值升高，促进腐败细菌生长；霉菌分解糖分和乳酸，且部分产生毒素
梭菌	丁酸梭菌、类腐败梭菌和酪丁酸梭菌、双酶梭菌和生孢梭菌等	在厌氧状态下生长，能分解糖、有机酸和蛋白质，是青贮饲料中的有害微生物	梭菌的最适 pH 值为 7.0~7.4，最适生长温度为 37℃；随着发酵的进行，青贮饲料中的 pH 值逐渐降低，梭菌生长逐渐受到抑制
腐败菌	大肠杆菌和芽孢杆菌等	主要分解青贮饲料中的蛋白质和氨基酸	芽孢杆菌对青贮饲料的好气性变质起重要作用，可使饲料腐烂变质，产生臭味和苦味

3.3.1.2 青贮品质的影响因素

青贮饲料的品质取决于青贮原料的品质以及加工调制的过程，最大程度保存青贮原料的营养价值是获得高品质青贮饲料的前提，而对加工条件的控制则是影响青贮饲料品质优劣的关键。

（1）干物质含量（或原料含水量）：干物质含量是青贮成败的关键，影响细菌总数和发酵速率。原料含水量过高，易造成梭菌发酵，过分降解糖、有机酸和蛋白质，使得营养损失较大，同时会使饲料糖分含量降低，不利于乳酸菌繁殖；相反，若含水量过低，则易导致压实困难、窖内空气难以排出，抑制青贮发酵。研究发现，当牧草中的干物质含量高于 500g/kg 时可最大程度地降低粗蛋白的降解，保留青贮饲料中蛋白质的含量。另一方面，适宜的可溶性糖的含量是乳酸菌发酵的物质基础，也将影响青贮品质。

（2）原料的机械处理：理想的青贮原料长度是高含水牧草 6.5～25mm、半干牧草 6.5mm、玉米 6.5～13mm。切碎的原料更有利于装填时压紧压实，排除空气，形成厌氧环境，从而抑制好氧菌的活动，为乳酸菌的发酵提供一个良好的环境；另一方面，切碎原料也有利于提高牲畜的采食量。但在切碎以及青贮过程中，青贮原料汁水的流出会增加饲料营养成分的流失，因此，应综合考虑发酵品质以及牲畜采食量。确定切碎长度遵循的原则是：粗硬原料应切得更短些，细软材料可稍长些。

（3）青贮添加剂：青贮添加剂通常分为发酵促进型添加剂、发酵抑制型添加剂和营养型添加剂。前两类添加剂是提供控制发酵程度来调控青贮过程，促进剂是加入乳酸菌、纤维素酶等添加剂以促进发酵；抑制剂是通过加入酸类（甲酸、乙酸、丙酸、盐酸、硫酸等）降低体系 pH 值，直接形成适合乳酸菌生长的环境，同时抑制有害微生物的繁殖。营养型添加剂是指根据不同的原料加入一定的药剂以补充其中营养物质的不足。

3.3.1.3 青贮饲料的生产原料

青贮饲料生产的原料本身的品质对青贮质量的影响非常大。青贮饲料的原料应具有适宜的含水量（65%～75%）以及较高的含糖量（应占其鲜重的 1.0%～1.5%），同时，应优先选择碳水化合物含量高的原料，避免选择蛋白质含量高的，这类原料不易青贮成功。最常见的青贮原料有以下几种：

（1）禾本科作物及牧草：玉米、小麦、高粱等含糖量较高的作物。其中，玉米被誉为"近似完美"的青贮原料。狗尾巴草、黑麦草、大麦草等禾本科牧草亦可调制成优质的青贮原料。

（2）豆科作物：豌豆、大豆、苜蓿、豇豆等蛋白质含量高，含糖量少，在青贮时可加入含可溶性碳水化合物多的饲料混合青贮。

（3）根茎类作物：马铃薯、胡萝卜、甜菜等含糖量与淀粉含量均高，可与豆科作物等混贮以获得优质青贮饲料。

（4）禽畜粪便：常作为添加物加入到农业废弃物的青贮中。

（5）有机添加剂：谷物粉、米糠以及麸皮等可添加到本身碳源较少的原料中以补充碳源。目前，青贮原料的来源不再局限于常规原料，专门种植青贮饲料作物已经成为青贮原料的另一种重要来源。

3.3.1.4　青贮饲料的生产工艺

青贮饲料生产工艺流程如图 3-3 所示。

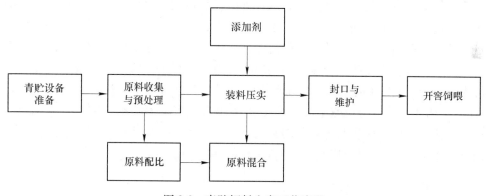

图 3-3　青贮饲料生产工艺流程

青贮饲料生产工艺流程中，各个环节的详细内容如下：

（1）青贮设备：青贮设备主要分为固定青贮设备与移动青贮设备。固定青贮设备主要包括青贮窖、青贮塔等，移动青贮设备主要指青贮袋等。

（2）原料收集与预处理：确定原料适宜的收割时间以保留其最多营养物质。一般而言，禾本科植物宜在抽穗期收割，豆科牧草在开花期收割，带穗玉米青贮宜在乳熟期后期至蜡熟前期收割，若进行半干青贮则在蜡熟期收割。收割运输之后，视情况切碎至所需长度。

（3）装填与压实：原料切碎之后应及时装填。装料之前，可在青贮设备底部铺上一定厚度的秸秆，以吸收青贮液汁。每装 30cm 的厚度踩实一次，装料的紧实程度最终决定青贮效果的好坏，越紧实青贮效果越好。最后中间填料高度必须保证高出青贮设备 1.2~1.5m，两边填料要高出 0.3~0.5m，以确保后期青贮原料由于自身重力下降后的高度仍高于青贮设备，从而防止雨水沿青贮设备墙壁进入其中导致原料腐烂。在填料过程中应放入适量添加剂以保证含水量在 65%~75% 之间。

（4）封口及管护：封口时先铺塑料薄膜，再加土压实，中间高于两侧，有利于排水，同时青贮设备的四周挖排水沟，以防雨水渗入。密封之后要经常检查，防止漏水、漏气。

（5）开窖：青贮饲料一般经过 40~60d 即可发酵成熟，豆科牧草在 3 个月左右，便可以开窖使用。取用饲料时，打开青贮设备，弃去最上 10~20cm 的废料，取出时应一层一层取，取完后密封。

3.3.1.5 青贮饲料质量评定

青贮饲料的品质鉴定分为现场评定和实验室评定。现场评定是指在青贮现场，以感官考察青贮饲料的颜色、气味和质地等。该方法可将饲料评定为优良、中等、低劣三类。品质优良的青贮饲料外观呈绿色或黄绿色，具有特殊的芳香酸味，结构良好，柔软稍湿润，质地松软不黏手；品质中等的青贮饲料呈黄褐色或暗绿色，稍有醋酸味，茎叶部分保持原状，柔软稍干；品质低劣的青贮饲料呈黑色或褐色，具有腐臭味或霉味，结构腐烂，带有黏性。实验室评定主要以化学分析为主，测定其 pH 值、氨态氮和有机酸，以此判断其发酵情况。优质青贮饲料 pH 值在 4.2 以下。有机酸中乳酸所占比例越大越好，丁酸越少越好。氨态氮与粗蛋白比值反应蛋白质与氨基酸分解程度，该比值越大，说明蛋白质分解越多，饲料品质越差，品质优良的青贮饲料该比值在 10% 以下。

3.3.1.6 青贮饲料应用现状

近十年来，我国从国外引进了多种菌种进行青贮饲料的研究。目前重点研究青贮添加剂对纤维素降解率的提高和青贮饲料蛋白质含量的提高，以及多种微生物混合发酵。青贮饲料由于纤维素含量过高，目前较多的使用在反刍家畜的饲喂中，如牛、羊的饲喂，其饲料中青贮饲料添加比例可达 40%。在法国、英国、荷兰等畜牧业发达国家，为提高青贮饲料质量大规模培育饲料专用玉米进行全株青贮。而目前我国玉米秸秆青贮量只有 400 万吨左右，因农村体制、习惯等诸多原因限制，全株玉米青贮量极少，仅为 100 万吨，显著低于世界其他地区国家，处于刚起步阶段。

3.3.2 微贮饲料生产技术

微贮（微生物处理技术）与青贮原理相似，不同之处在于其需向农林秸秆废弃物等微贮原料中加入纤维分解菌、秸秆发酵活杆菌、白腐真菌、酵母菌及有机酸发酵菌等微生物，利用其发酵分解作用将原料中的纤维素、木质素最终转化为乳酸和脂肪酸等的技术。微贮饲料发酵技术是在研究青贮饲料技术及草食家畜反刍瘤胃消化特点的基础上发展起来的一门新型生物技术，其主要是针对含水量低的麦秸稻草、半黄或黄干玉米秸以及高粱秸等不宜青贮的秸秆。

3.3.2.1 微贮饲料的生产原理

在微贮过程中，加入的高效活性发酵菌种在厌氧条件下，分解大量的纤维素、木质素，转化为糖类，糖类又经有机酸发酵菌转化为乳酸和挥发性脂肪酸，使 pH 值降至 4.5~5.0，加速了微贮饲料的生物化学作用，同时抑制了丁酸菌、腐败菌等有害菌的繁殖。

通过微生物的发酵分解作用所得的饲料具有酸香味，且含有较高的菌体蛋白质和生物消化酶，家畜易消化吸收；同时，微贮饲料制作成本低廉、无毒无害、与农业不争化肥不争农时，充分利用秸秆草料饲喂草食家畜，具有适口性好、采食量高、消化率高、效益好、便于推广应用等特点。

3.3.2.2 微贮饲料的生产原料

微贮技术在实施时通常使用秸秆、牧草、藤蔓等作为原料。一些不适于青贮的原料，例如已经干黄的秸秆和牧草等可以用来微贮。微贮原料中的植物细胞已经基本死亡，细胞不存在呼吸作用，胞内可溶性糖分较少，水分含量低，粗纤维含量较高。禽畜粪便等也可作为添加剂参与微贮。常见的微贮原料主要有以下几种：

（1）秸秆类：如玉米秸秆、大豆秸秆、稻草、花生藤等。

（2）牧草类：目前人工种植的牧草因其高效的产草量以及高营养成分而广泛应用于微贮，如矮象草、黑麦草、柱花草、木豆、银合欢等优质牧草。

（3）粮食及副产品类：如玉米、黄豆、豆粕、麸皮、米糠等含粗纤维少、蛋白质高及可消化养分多的原料。

3.3.2.3 微贮饲料的生产工艺

微贮饲料的生产工艺流程与青贮相似，如图 3-4 所示。

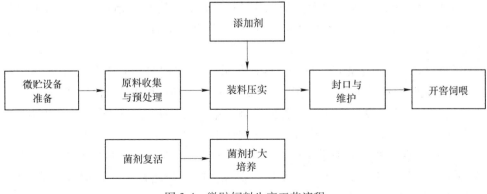

图 3-4 微贮饲料生产工艺流程

微贮饲料生产工艺流程中，各个环节的详细内容如下：

（1）微贮设备：微贮饲料的生产工艺不仅在理论上与青贮相似，在设备上也与其相似，主要有微贮池、微贮窖以及微贮袋等。

（2）原料收集与预处理：微贮原料应保证清洁、无发霉变质，其粒径应予以控制，根据饲喂的牲畜的不同来确定长度，一般养羊 3~5cm，养牛 5~8cm，以便于压实和排除空气。

（3）微生物制剂菌种的活化：微贮工艺中所加入的微生物制剂应先溶于一定温度适量的水中，充分溶解之后在常温下放置 1~2h。配置菌液时将复活的微生物制剂倒入 0.8%~1.0% 的食盐水中均匀搅拌，待装料时喷洒。菌液宜现用现配，避免放置时间太久，其用量取决于所选菌种。

（4）装料：每装 20~30cm 厚度时，需均匀喷洒一遍菌液，同时，将填料踩实，排出其中的空气，再继续装入填料。重复以上动作直至装填至高于微贮设备40cm。此过程中，微贮剂的添加量一般为微贮原料的 0.05%~0.1%，若微贮含水量不高，可喷洒一定量的水，将其控制在 60%~70% 之间。

（5）封口及管护：封口时需先在填料最上层装料均匀地洒上食盐，以防止上部填料腐烂，然后覆上塑料薄膜，之后铺上一定厚度的长麦秸或稻草，密封以隔绝空气。

（6）开窖：发酵完成时间视环境温度而定。一般 5~8 月份 21~30d，4 月、9 月份 30~40d，其他月份 40d。取用饲料时，打开微贮设备，弃去最外层的微贮料，然后逐层取用，当天取的料当天喂完，取料时间尽可能短，每次取料完成之后需要再次密封，以防饲料发霉变质。

3.3.2.4 微贮饲料质量评定

取料之前需检查微贮饲料的质量，一般从颜色、气味和手感等角度来鉴定。

（1）颜色：主要观察饲料的颜色以及形态。优质的微贮青玉米秸秆饲料色泽呈橄榄绿，稻秸、麦秸呈金黄褐色，结构完整，无霉烂、结块现象。若饲料颜色呈现褐色或墨绿色，则说明发酵过程中有杂菌干扰或漏气，生成饲料质量低劣。

（2）气味：主要是闻秸秆的气味。优质的微贮饲料具有浓郁的水果香味和醇香味，同时具有弱酸味。若微贮饲料有强酸味，则说明其中的醋酸较多，由含水量过高以及高温发酵造成的；若饲料有霉味，则说明微贮发酵失败，由过程中压实不够，有害微生物发酵导致，则该饲料不能用于饲喂。

（3）手感：主要是用手感受微贮饲料的质地形态。优质的微贮饲料手感柔软松散，质地湿润。若拿到手中发黏，则说明饲料开始霉变；若饲料干燥粗硬，说明没有发酵好，也属于低劣饲料。

3.3.3 氨化饲料生产技术

氨化是指在密闭环境下，将氨水、无水氨（液氮）或尿素溶液等含有无机氮的物质，按照一定比例喷洒在农林秸秆废弃物等粗饲料上，经一段时间的处理，提高原料饲用价值的过程。氨化处理最初仅用于非蛋白氮的利用，到 20 世纪 60~70 年代才转向处理各种粗饲料以提高其营养价值的研究。

3.3.3.1 氨化饲料的生产原理

经过氨化处理得到的饲料称为氨化饲料，其主要适用于饲喂牛羊等反刍动物，而不适于饲喂驴、马、猪等家畜，同时幼小反刍家畜瘤胃内的微生物系统尚未完全形成，因此也不适宜饲喂。氨化处理可使饲料变得更柔软，散发出糊香或酸香味；并且降低原料中粗纤维的含量，提高其饲用价值。氨化处理原理主要包括三方面：

（1）碱化作用：氨化过程中喷洒的氨水、无水氨和尿素等均属于碱性溶液，其中的氢氧根可使木质素和纤维素之间的结合键断裂或变弱，从而使得结构膨胀，半纤维素和一部分木质素及硅酸盐溶解，碱化作用原理如图 3-5 所示。

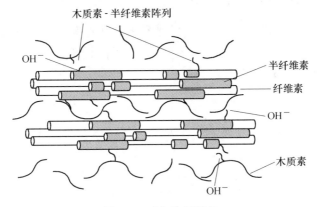

图 3-5　碱化作用原理

（2）氨化作用：过程中挥发出来的氨（NH_3）遇到氨化原料时，会与其中的有机物发生氨解反应，其反应过程见式（3-2），形成产物铵盐。铵盐是一种非蛋白氮的化合物，为反刍家畜瘤胃微生物提供良好的氮素营养源，合成优质菌体蛋白。

$$R\text{-}COO\text{-}R^2 + NH_3 \rightarrow R\text{-}CO\text{-}NH_2 + HOR^2 \tag{3-2}$$

式中　R^2——多糖链；

　　　R——多糖链或羟基苯的氢原子或木质素的苯丙烷单位。

（3）中和作用：呈碱性的氨与秸秆中的有机酸化合，中和原料中的酸度，为瘤胃微生物的消化活动提供有利条件。

3.3.3.2 氨化品质的影响因素

氨化品质的影响因素如下：

（1）氨的用量：氨的用量对原料氨化起到至关重要的作用。一般氨用量占秸秆干物质的 3.5% 左右为宜；无水氨用量为 2.5%~3.5%，尿素的用量一般为 5%~7%。

（2）温度：氨化处理时间受温度影响很大，温度越高，氨化时间越短。一般温度在 5~15℃时，处理时间为 4~8 周，15~30℃时，仅需 1~4 周，当温度达到 30℃以上，氨化处理时间控制在 1 周以下。

（3）含水量：一般情况下，氨化效果随秸秆中含水量的增加而增加。当秸秆含水量从 12% 增加到 50% 时，对氨化处理秸秆有机物体外消化具有良好的效果。但原料中过高的含水量会导致其发霉变质且增加了管理的难度。

（4）原料的类型和质量：选用原料的粗纤维含量越高，氨化效果越好。如小麦秸秆的氨化效果明显优于玉米秸秆。

3.3.3.3 氨化饲料的生产原料

氨化饲料的原料主要为木质素、纤维素和半纤维素含量较高的秸秆类农业废弃物，包括大麦、小麦、水稻、玉米以及豆类秸秆等，含水量应控制在 30% 左右。

3.3.3.4 氨化饲料的生产工艺

氨化工艺可以分为堆垛式氨化工艺、窖注式氨化发酵工艺与塑料袋氨化法等，虽形式不同，但均遵循图 3-6 所示的氨化饲料生产工艺流程。

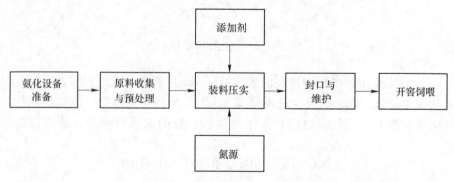

图 3-6　氨化饲料生产工艺流程

氨化饲料生产工艺流程中，各个环节的详细内容如下：

（1）氨化准备。氨化的设备有窖池以及塑料袋，对于堆垛式氨化工艺则无需选择氨化设备，但仍需选择地势高燥，排水良好的地方。

（2）原料收集与预处理。氨化原料收集之后，需切碎至 2~5cm，一般喂羊切至 1.5~2.5cm，喂牛则稍长至 3~5cm，也可整株氨化，若是刚收割的原料，则无需调整。

（3）装填。原料初步处理之后，需装入氨化设备，每装入一层填料，就需喷洒配制好的氨水或尿素溶液并踩实填料，氨水或尿素的用量约为原料质量的 3%~5%，喷洒时应注意下层填料喷洒量宜少。

（4）封口与管护。填料至高出氨化设备 20~30cm 时，用塑料薄膜封好，并用湿泥封严边缘，确保气密性。在氨化过程中，需时常检查设备密封情况。

3.3.3.5 氨化饲料质量评定

氨化饲料可直接以感官鉴定其品质，主要有以下几点：

（1）颜色。品质较好的氨化饲料颜色呈黄褐色或棕黄色；若颜色呈黄白、褐黑，则品质较次，弃去霉变部分后可少量饲喂；若氨化饲料呈灰白或褐黑，则说明氨化品质低劣。

（2）气味。具有糊香味以及氨味的饲料，品质较好；氨化不成熟的饲料没有香味且氨味也较淡；腐败变质的饲料具有明显的刺鼻的臭味，不能使用。

（3）质地。品质较好的氨化饲料质地松软，氨化后的玉米秸秆质地柔软蓬松，用手紧握有明显的扎手感。

3.3.4 膨化和热喷处理

膨化和热喷属于物理方法，通过改变原料的长度及硬度等，增加其与家畜瘤胃中微生物的接触，从而提高其消化利用效率。

3.3.4.1 热喷技术

热喷技术的原理包括热效应和机械效应。热效应是指通过 170℃ 高温蒸气作用，破坏原料细胞间及细胞壁上的木质素、纤维素和半纤维素，部分氢键断裂而吸水。机械效应是在高压喷放过程中，原料高速（150~300m/s）排出，产生作用于其茎秆巨大的摩擦力，再加上高温蒸气的张力，从而将茎秆撕碎使细胞呈游离状态，从而增大与消化酶的接触面积，并提高采食量及消化率。

热喷的原料主要包括禽畜不愿采食的坚硬农林秸秆废弃物、富含粗蛋白质或矿物质的禽畜粪便、动物副产物以及氨化饲料等。热喷工艺流程如图 3-7 所示，热喷装置示意图如图 3-8 所示，原料经过铡草机切碎之后，进入贮料装置 3，经添加剂和蒸气调整之后，分批送入压力罐 1，通入 0.5~1MPa 的蒸气，一定时间之后，减压喷放，原料进入泄力罐4，喷出的原料即可直接用作饲料或压制成型贮运。

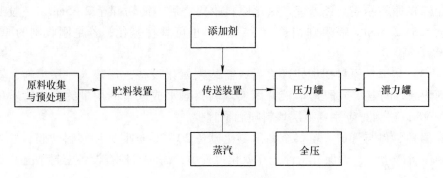

图 3-7　热喷工艺流程

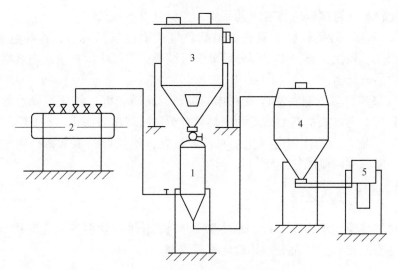

图 3-8　热喷装置示意图

1—压力罐；2—锅炉；3—贮料罐；4—泄力罐；5—压块机

3.3.4.2　膨化技术

膨化技术是将原料调质之后输入专用挤压机的挤压腔，依靠原料与挤压腔中的螺套及螺杆之间的相互挤压、摩擦作用，产生热量与压力（200℃、1.5MPa），当原料被挤出喷嘴之后，压力骤然下降，从而破坏纤维素、半纤维素结构，降解木质素，增加可溶性成分，使秸秆体积膨大，使得饲料在牲畜消化道内与消化酶的接触面扩大，提高其饲用价值。但专用膨化设备投资较高，限制了其在现实生产中的大范围应用。

膨化工艺流程如图3-9所示。原料准备过程中应手动去除其中的沙石、铁屑等杂质，以防止损坏机器和影响膨化质量；利用粉碎机将秸秆进行粉碎以减小其粒度，使调质均匀；调质时应控制秸秆类的含水量为20%～30%，豆类秸秆为25%～35%；秸秆膨化装置如图3-10所示，利用膨化机对调质之后的原料进行挤压膨化，挤压腔温度应控制在120～140℃，压力控制在1.5～2.0MPa；膨化之后的原料置于空气中冷却之后，装袋保存。膨化之后的饲料由于受热效应和机械效应的双重作用，原料中的纤维细胞和表面木质得以重新分配，为微生物的生长繁殖创造了条件；同时，膨化后的饲料质地疏松、柔软，改善了饲料的风味，利于提高牲畜的采食量。

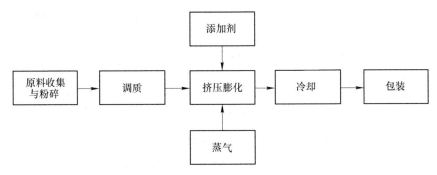

图3-9　膨化工艺流程

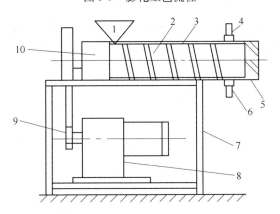

图3-10　秸秆膨化装置

1—料斗；2—螺杆；3—套筒；4—温度传感器；5—模头；6—压力传感器；
7—机架；8—电机；9—带轮；10—机体

3.3.5　菌体蛋白饲料

菌体蛋白（Microbiological Protein，MbP）又称单细胞蛋白（Single Cell Protein，SCP），二者稍有区别，但目前二者已基本通用，是指细菌、酵母菌、霉菌和藻类等微生物体内所产生的蛋白质。菌体蛋白饲料技术是利用各种基质大规模培养上述微生物以获得微生物蛋白饲料的一种工艺。

3.3.5.1 菌体蛋白饲料的生产原料

菌体蛋白饲料的生产原料来源广泛，如工农业生产废水、废渣，工农业加工下脚料、城市生活垃圾等都是生产菌体蛋白饲料的重要原料。

（1）工业废液：造纸工业中的亚硫酸纸浆废液、味精工业中的味精废液、酒精废液、油脂工业废水等都可以用于生产菌体蛋白饲料。

（2）农林牧渔业下脚料：淀粉渣、蔗渣、甜菜渣、糖渣、稻草、稻壳、麦秸、树叶、木屑、林业废弃物、果渣、油菜籽饼、棉菜籽饼、禽畜粪便、鱼类加工废液等，都可以用来生产菌体蛋白饲料。

（3）石油类资源：石油原料，如柴油、正烷烃、天然气等；石油化工产品，如醋酸、甲醇、乙醇等均可作菌体蛋白饲料的原料。

3.3.5.2 菌体蛋白饲料常用微生物

通常选用繁殖快速、生长良好、对基质利用率高、本身蛋白质含量高以及生产工艺简单易操作的菌种来生产菌体蛋白饲料，主要包括细菌、酵母菌、霉菌及部分单细胞藻类微生物等，菌体蛋白饲料常用微生物及其种类、特征见表3-2。

表3-2　菌体蛋白饲料常用微生物及其种类、特征

微生物	常见种类	特征
细菌	乳酸菌、肠道杆菌、腐败菌（如枯草杆菌和马铃薯杆菌）等	生产原料广泛，生产周期短，产品蛋白含量高；但其中可能存在某些有害物质，且其个体小，分离困难，因此，利用细菌生产菌体蛋白目前仍未是研究重点
酵母菌	产朊假丝酵母、产朊球拟酵母、热带假丝酵母、拟热带假丝酵母、巴氏酵母、生香酵母和白地霉等	生产菌体蛋白饲料的微生物类群中研究和应用最广泛的一类；核酸含量较低，容易收获，能在偏酸环境下（pH值4.5~5.5）生长，可减少污染
霉菌	绿色木霉、康氏木霉、根霉、曲霉、青霉、淡斑霉等	需氧喜酸性环境的微生物，种类多，分布广
微藻	蓝藻、绿藻、螺旋藻和小球藻等单细胞藻类，其中以钝顶螺旋藻和极大螺旋藻最为理想	蛋白质含量60%~70%，光能转化率高，国内研究十分活跃
纤维素分解菌	纤维单胞菌、产黄纤维单胞菌、潮湿纤维单胞菌、类产碱杆菌等	蛋白质含量占菌体干重的37%~58%，必需氨基酸比酵母、鱼粉、豆粉高10%~50%

（1）细菌：乳酸菌、肠道杆菌、腐败菌等均可用于生产菌体蛋白饲料，且生产周期短，产物蛋白含量高，但因细菌个体微小，后续分离存在困难，且生产的蛋白质不易被饲喂的牲畜消化，故目前不被作为研究重点。

（2）酵母菌：酵母菌是目前生产菌体蛋白饲料的微生物类群中研究和应用最广泛的一类，产朊假丝酵母、产朊球拟酵母、热带假丝酵母、拟热带假丝酵母、啤酒酵母、葡萄酒酵母、巴氏酵母、生香酵母和白地霉、多毕赤酵母、范立德巴利酵母、乳酸酵母、乳脂球拟酵母等均适用于生产菌体蛋白饲料。

（3）霉菌：霉菌属需氧喜酸性环境的微生物，其种类多样，分布广泛，常用于生产菌体蛋白饲料的有绿色木霉、康氏木霉、根霉、曲霉、青霉、淡斑霉等。

（4）微藻：蓝藻和绿藻是最常用于生产菌体蛋白饲料的微藻种类，其丰富的氨基酸、维生素以及矿物质等有助于增加饲料的营养价值。

3.3.5.3 菌体蛋白饲料的生产工艺

固态发酵是指微生物在含水量为 30% ~ 70% 的固态湿培养基上发酵的过程。具有易干燥、低能耗、高回收的优点，对基质利用率较高，固态发酵生产菌体蛋白饲料的工艺流程如图 3-11 所示。

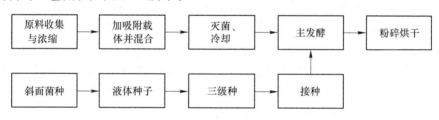

图 3-11　固态发酵生产菌体蛋白饲料的工艺流程

液态发酵生产菌体蛋白饲料是将糟液分离得到的废水，添加营养盐等调浆之后，调节 pH 值到 4.4 左右，再接种微生物发酵，最终经分离、干燥得成品饲料。典型的液态发酵生产菌体蛋白饲料工艺流程（以酒精废水为例）如图 3-12 所示。

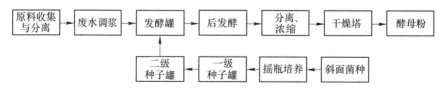

图 3-12　典型的液态发酵生产菌体蛋白饲料的工艺流程

作为一种新型的蛋白质饲料资源，菌体蛋白饲料虽营养丰富，但其在开发利用过程中也存在一些问题，如某些蛋白中含有对禽体有害的物质，尤其是石油蛋白和细菌蛋白；再如细菌蛋白和酵母菌蛋白中的核酸含量较高，将导致禽体产生大量尿酸，引起痛风或风湿性关节炎等，因此在饲料生产过程中应加强对原料的选择以及严格灭菌操作；同时，加强对菌体蛋白饲料的安全性检测，以确保禽体饲养安全。

3.3.5.4 菌体蛋白饲料应用现状

近年来，中国先后对以石油、甲烷、甲醇、乙醇、酶水解木屑、酶水解秸秆纤维以及餐厨垃圾等为原料生产菌体蛋白饲料进行了研究，取得了不少的研究成果。到 2009 年，中国主产菌体蛋白饲料的工厂共有 50 多家，年产量以万吨计。同时，以工业废液为原料生产菌体蛋白饲料方面取得了很大进展，建立了多家以工业废液为原料的蛋白饲料生产工厂，年产菌体蛋白饲料达 10 万吨。

3.4 典型案例

中国内蒙古自治区的某市素有"内蒙古粮仓"和"黄牛之乡"的美誉，其立足于地理优势和科尔沁沙地无污染的资源优势，着力打造全国优质玉米、肉牛、绿色有机农畜产品生产加工输出基地。最近几年，随着地区养殖业对饲料饲草需求的不断增加，全株玉米青贮饲料的推广在该市逐渐起步。将带穗、叶、茎等鲜绿全株的玉米切碎后进行青贮，与单纯的玉米秸秆青贮相比，其适口性、消化率都得到大幅度提高，营养价值也更高。但鉴于对青贮玉米的认识不足，观念落后，该市的全株玉米青贮的推广过程并不顺利。2013 年在推广过程中，新品种金领 27 全株青贮玉米籽实性状表现良好，当地居民按照粮食品种收获籽实，秸秆青贮，但由于全株青贮玉米制作使用不规范，大大降低了其饲用价值，同时由于缺少青贮添加剂的使用，导致青贮品质较低。后经政府重视以及科技工作者引进先进的栽培管理配套技术，青贮玉米收割、制作、使用技术，全力抓试点、搞培训、搞推广。2015 年，该县一粮改饲试点地以全株青贮玉米饲喂奶牛，实验得出其增重比对照组高出 $0.32kg/(头 \cdot d)^{-1}$，产奶量提高 $2.68kg/(头 \cdot d)^{-1}$，乳脂率提高 21%，乳蛋白提高 17%，综合各种投入，全株青贮玉米亩纯收入比往常高出 1190 元。作为生产奶、肉等副食产品重要的饲料来源，全株青贮饲料已成为反刍家畜的主要日粮，是奶牛、育肥肉牛的强化饲料，为该市的养殖业可持续发展提供强劲后备基础。

4 生物质堆肥与过程调控技术

4.1 堆肥化和堆肥产品的定义

堆肥（来自拉丁语 compositum，意为混合）是指在有氧条件下，各种底物混合大量的微生物群落以固态进行生物降解的过程。纯底物的生物转化称为发酵或者生物氧化，而不是堆肥。堆肥化（composting）是利用自然界广泛分布的细菌、真菌和放线菌等微生物，以及由人工培养的工程菌等，在一定的人工条件下，有控制地促进有机质底物发生生物稳定作用，使可被生物降解的有机物转化为稳定的腐殖质的生物化学过程，堆肥过程如图 4-1 所示。

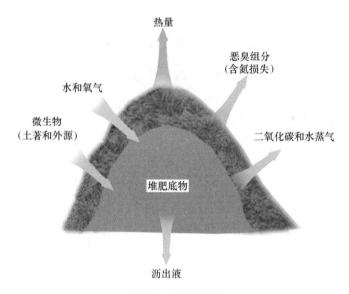

图 4-1　堆肥过程

堆肥化过程的主要产物称为堆肥，也可定义为堆肥化过程中产生的稳定、无害，且有利于植物生长的有机肥料。除用于作物肥料外，目前堆肥也可作为水稻育秧基质、花卉栽培基质等，基于秸秆堆肥的水稻育秧基质如图 4-2 所示，基于秸秆堆肥的花卉栽培基质如图 4-3 所示。堆肥经历了以下三个阶段：（1）初始的快速分解阶段；（2）稳定化阶段；（3）不完全的腐殖化阶段。对新鲜有机质进行堆肥化转化主要有以下益处：（1）消灭不稳定新鲜有机质中的植物毒素；

（2）将对人类、动物和植物健康不利的个体（病毒、细菌、真菌和寄生生物）减少到不能构成危害的水平；（3）产生有机肥料和土壤改善剂，完成生物质的再利用。

图 4-2　基于秸秆堆肥的水稻育秧基质

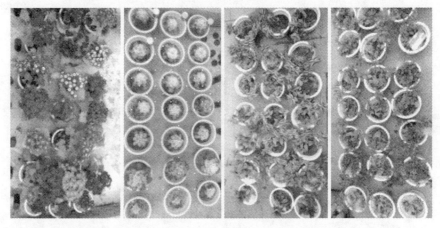

图 4-3　基于秸秆堆肥的花卉栽培基质

4.2　堆肥过程的各阶段

目前，被广泛接受的堆肥化理论上被分为四个阶段：中温阶段、高温阶段、冷却阶段和腐熟阶段。

4.2.1　中温阶段

在起始阶段，堆肥底物中易降解且富含能量的物质充足（如糖类、蛋白质等），逐渐被真菌、放线菌和细菌等降解，如假单胞杆菌属（pseudomonas）和芽孢杆菌属（Bacillus），通常这些微生物被称为初级分解者。除在蚯蚓堆肥外，蠕虫、螨虫、节肢动物等动物的作用基本上可以忽略。在初始底物中，嗜温微生物（芽孢细菌、霉菌、放线菌）的数量比嗜热微生物的数量多三个数量级，但初级分解者的活动却会导致温度升高。

4.2.2 高温阶段

耐高温的嗜热微生物在这个阶段有较大的竞争优势，并逐渐在最后取代了几乎所有的中温微生物群。不同嗜热微生物有着各自的最适宜生长温度。一般在50℃左右，嗜热真菌和放线菌的活动比较活跃；温度上升到60℃时，真菌基本停止活动，只有嗜热放线菌和细菌还在活动，如芽孢杆菌；温度上升到70℃以上时，大部分嗜热微生物已不适宜生存，微生物大量死亡或进入休眠状态，所有的病原微生物除一些孢子外都会在短期内迅速死亡。如果不是大部分微生物在超过65℃下遭到破坏，温度很可能会持续上升，甚至超过80℃。这可能并非因为微生物作用才导致温度上升，而是由于非生物放热反应的影响，其中可能包括放线菌分泌的耐高温酶的作用。在有些情况下，堆肥过程高温阶段的温度曲线呈现双峰型，而非抛物线，其"双峰型"温度曲线如图4-4所示。

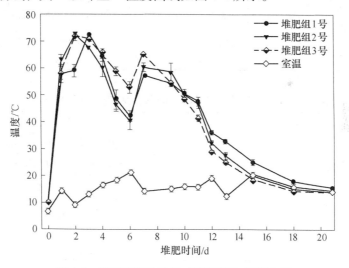

图4-4 堆肥高温阶段的"双峰型"温度曲线

除高温阶段的高温因素外，该阶段存在的放线菌可以产生抗生素，这亦对卫生化处理很重要。常见病菌与寄生虫的死亡温度见表4-1。温度超过70℃时大部分嗜温细菌被杀死，因此当温度回落时，种群恢复就会受到阻滞，可通过一定的手段（如接种）进行再繁殖。按照《粪便无害化卫生要求》（GB 7959—2012），我国好氧发酵（高温堆肥）卫生标准（见表4-2），要求堆肥最高温度达50～60℃以上，持续2~10d。

表4-1 常见病菌与寄生虫的死亡温度

名　称	死亡情况
沙门氏伤寒菌	46℃以上不生长；55~60℃，30min 内死亡
沙门氏菌属	56℃，1h 内死亡；60℃，15~20min 死亡
志贺氏杆菌	55℃，1h 内死亡
大肠杆菌	绝大部分55℃，1h 内死亡；60℃，15~20min 内死亡
阿米巴属	68℃死亡
无钩绦虫	71℃，5min 内死亡
美洲钩虫	45℃，50min 内死亡
流产布鲁士菌	61℃，3min 内死亡
化脓性细球菌	50℃，10min 内死亡
酿浓链球菌	54℃，10min 内死亡
结核分枝杆菌	66℃，15~20min 内死亡，有时在67℃死亡
牛结核杆菌	55℃，45min 内死亡
旋毛幼虫	在50℃，1h 内明显减少，52~72℃死亡
疯牛病病毒（朊病毒）	高温高压强碱，300~400℃左右持续3~5h 即可消灭
口蹄疫病毒	60℃水浴中，5~15min 可灭活；80~100℃迅速死亡，pH 值<6 和 pH 值>11 条件下能迅速灭活

表4-2 好氧发酵（高温堆肥）的卫生要求（GB 7959—2012）

序号	项　目	卫　生　要　求	
1	温度与持续时间	人工	堆温≥50℃，至少持续 10d
			堆温≥60℃，至少持续 5d
		机械	堆温≥50℃，至少持续 2d
2	蛔虫卵死亡率/%	≥95	
3	粪大肠菌值/%	≥10	
4	沙门氏菌	不得检出	

4.2.3 冷却阶段

　　该阶段也称为第二个中温阶段。当底物消耗到一定程度时，嗜热微生物的活力下降，温度也开始降低。嗜温细菌重新繁殖，它们来自受保护的微小生境中存活的孢子，或者从外部进行接种。如果初始阶段的微生物可以降解糖类、低聚糖和蛋白质，那么冷却阶段的特征是微生物开始降解淀粉和纤维素，它们几乎都是细菌和真菌。

4.2.4 腐熟阶段

在腐熟阶段，堆肥中的有机物经过高温阶段后已基本降解完成，基质质量下降。微生物群体组成几乎全部变化，通常是真菌数量增加，细菌数量减少，混合物不再进一步降解，形成了木质-腐殖质复合体等。

判断堆肥是否腐熟并不简单。事实上，很难通过直观或者单一参数分析法确定堆肥样品的稳定度和腐熟度，有时不同指标可能出现相互矛盾。目前，主要判断方法包括物理方法、化学方法、生物活性分析、植物毒性分析和卫生学分析。

判定堆肥腐熟度的方法见表4-3，但并非所有方法都具有普遍的实用价值，或者某一判定方法具有绝对的优势。研究发现，其中自加热、氧气消耗（4d）、氧气消耗量和化学需氧量（COD）比值等提供了较为可靠的结果。但是，自加热方法也存在明显的缺点，如完成周期较长，可能需要很多天。

表 4-3 判定堆肥腐熟度的方法

方法名称	参数、指标或项目	判 别 标 准
物理	温度	温度下降，达到45~50℃且一周内持续不变
	气味	具有泥土气味，堆体内检测不到低分子脂肪酸；具有潮湿泥土的霉味（放线菌的特征），无不良气味
	色度	堆肥过程中物料由淡灰逐渐发黑，腐熟后的产品呈黑褐色或黑色
	光学性质	通过检测堆肥 E665（E665nm 表示堆肥萃取物在波长 665nm 下的吸亮度）的变化可反映堆肥腐熟度，腐熟堆肥 E665 应小于 0.008（或采用三维荧光光谱结合平行因子法（PARAFAC），通过监测荧光组分变化规律判定）
	自加热	测试样品放入包裹着多层棉絮的杜瓦瓶，并将杜瓦瓶放入孵化器减少热量损失，通过温度的上升来指示稳定的程度
化学	碳氮比（固相和水溶态）	一般地，固相碳氮比值从初始的（25~30）:1 或更高，降低到（15~20）:1 以下时，认为堆肥达到腐熟
	氮化合物（氨氮、硝态氮、亚硝态氮）	对于活性污泥、稻草的堆肥，当氨化作用已经完成，亚硝化作用开始的时候，可认为堆肥已腐熟
	阳离子交换量（CEC）	建议 CEC>0.06mol 时，可认为堆肥已腐熟

方法名称	参数、指标或项目	判 别 标 准
化学	有机化合物（还原糖、纤维素、半纤维素、淀粉等）	腐熟堆肥的 COD 为 60～110mg/g，BOD_5 值应小于 5mg/g 干堆肥；挥发性固体（VS）质量分数应低于 65%；淀粉检不出；水溶性有机质质量分数小于 2.2g/L，可浸提有机物的产生或消失，可作为堆肥腐熟的指标
	腐殖质（腐殖质指数、腐殖质总量）	腐殖化指数（HI）=胡敏酸（HA）/富里酸（FA）；腐殖化率（HR）= HA/（FA+未腐殖化的组分（NHF））；HA 的升高代表了堆肥的腐殖化和腐熟程度，当 HI 值达到 3，HR 值达到 1.35 时，堆肥已腐熟
生物活性	呼吸作用（耗氧速率、CO_2 释放速率）	一般，耗氧速率以（0.02～0.1）%/min 的稳定范围为最佳，当堆肥释放 CO_2 在 2mg/g 堆肥碳以下时，可认为达到腐熟
生物活性	微生物种群和数量	堆肥中的寄生虫、病原体被杀死，腐殖质开始形成，堆肥达到初步腐熟；在堆肥腐熟期主要以放线菌为主
	酶学分析	水解酶较低活性反映堆肥达到腐熟；纤维素酶和脂酶活性在堆肥后期（80～120d）迅速增加，可间接用来了解堆肥的稳定性
植物毒性分析	发芽实验	植物毒性消除，可认为堆肥已腐熟
卫生学分析	致病微生物	堆体温度应保持 50～55℃以上 5～7d，蛔虫卵死亡率达 95%～100%

4.3 堆肥过程的参数调控

由于堆肥化是一个生物降解过程，温度、pH 值、通气量、水分含量、外源菌剂等主要环境因素，都会影响堆肥。同时堆肥也受本身的底物来源、营养元素和碳氮平衡等因素影响。这些因素共同决定了有机质底物的降解速度和程度。显然，这几个因素的总体越接近于最佳条件，堆肥化的速率就会越快。除了"共同"这一概念，对于一个特定的过程，与其达到最大潜在速率关系最紧密的决定性因素是最容易偏离最佳条件的因素。在堆肥过程中，起到最大限制作用的因素被称为"限制因素"，这类似于"木桶原理"或"短板理论"。在堆肥过程的参数调控中，需优先解决堆肥过程的"限制因素"。

4.3.1 底物来源

在我国农村地区，适合作为堆肥底物的原料很多，来源于生产和生活的所有可生物降解的有机废物均可进行堆肥处理，这些有机废物往往含有大量有机质和氮、磷、钾等各类养分元素：

（1）生活垃圾有机组分：当前农村生活垃圾已不再是简单的剩菜剩饭、草秸草灰等，生活垃圾成分和含量也日趋城市化，"白色垃圾"所占的比重越来越大。农村生活垃圾中可堆肥的组分，主要为居民在生活消费过程产生的厨余，农贸市场、农产品批发市场产生的蔬菜瓜果垃圾、腐肉、肉碎骨、蛋壳、畜禽产品内脏等，而分类收集是农村生活垃圾堆肥化利用的前置条件。事实上，在生活垃圾分类收集上，农村较于城市具有特殊优势：农村农户房子面积较大，可轻松放置垃圾分类桶或者编织袋；农村经济水平较低，凡是能够卖钱的东西，即便几毛钱，也不愿丢弃；农村种植业发达，不少地域植被茂盛，经济林（竹）多样，需要消耗大量肥料；农村地广，可方便找出堆制有机肥的地方，也可轻松将无法再利用的灰土类垃圾就地回填，填坑造地；有坚强的组织保证，农村党支部和村委会对村民的影响力，远大于居委会和街道办事处对居民的影响力。

（2）农业废物：包括种植、畜牧、水产、林业等产业废物，主要有作物秸秆、禽畜粪便、鱼塘（河流）底泥、林业加工残枝、木屑等。随着我国2014年《畜禽规模养殖污染防治条例（国务院令第643号）》的实施，对畜禽养殖废弃物的综合利用和无害化处理提出更高要求，近年来畜禽粪便的堆肥利用受到更多重视。为了避免秸秆焚烧造成的大气污染，我国近年来实施了秸秆禁烧政策，生态环境部建立了秸秆焚烧卫星监测系统，这些举措有力推动了作物秸秆的堆肥化利用。

（3）加工工业废物：在我国部分农村地区还拥有规模不等的农产品加工厂等。糖业废物如蔗渣、滤泥、甜菜渣等，食品加工废物如啤酒滤泥、葡萄酒厂废渣、番茄酱厂废渣、药厂废渣如中药渣、抗菌素生产废渣等，也可作为堆肥的底物来源。

（4）农村污水污泥：污泥是污水处理设施运行的副产物，如不加处理随意抛弃或简易填埋会对环境（尤其是水体）造成严重二次污染。通常情况下，由于污水来源相对单一，农村污水污泥的重金属含量轻低，因此可作为堆肥底物。据《全国农村环境综合整治"十三五"规划》统计，我国目前22%的建制村生活污水得到处理，农村污水污泥的堆肥化利用开始受到重视。

4.3.2 营养元素

堆肥底物应该含有一些必需的营养元素，只有很少的化学营养物是必须要加入到堆肥中。堆肥微生物的主要营养元素是碳（C）、氮（N）、磷（P）和钾（K），微量营养元素包括钴（Co）、锰（Mn）、镁（Mg）、铜（Cu）以及一些其他的元素。所需钙（Ca）主要作用是缓冲剂，即调节 pH 值。堆肥含有的 Ca^{2+}、Mg^{2+}、Mn^{2+}、Na^+ 等也都是植物生长所需要的元素。

4.3.3 碳氮平衡

大多数类型堆肥的最佳起始 C/N 比值是 25~30。有生命的微生物，在其生命活动中每利用 1 份氮会消耗 30 份碳，其中 20 份碳氧化成 CO_2（ATP），其余 10 份用于合成原生质（很多细菌的 C/N 比值都是 9~10）。

若 C/N 比值过低（小于 20），微生物的繁殖就会因能量不足而受到抑制，导致分解缓慢且不彻底。同时，产生的大量 NH_3，使堆肥过程发出难闻的气味，造成环境污染；C/N 比值过高，氮元素缺乏，导致微生物无法进行繁殖生息，堆肥温度下降、发酵速度逐渐减慢，发酵周期增长，并且产生的堆肥产品氮素较少，无法用作肥料。

理论上，在一个控制较好的堆肥过程中，C/N 比值是不断降低的。这是因为微生物对含碳化合物的无机化作用，使碳以 CO_2 的形式损失。实际上，由于堆肥底物的高混杂性以及堆肥过程的降解不均匀性，C/N 比值的表征结果存在波动的可能。如果堆肥产品 C/N 比值过高且降解速度快，就会占用植物生长所需的氮元素。如果堆肥产品 C/N 比值过低，氨的释放对植物的根部有毒性作用。如果堆肥底物的 C/N 比值过高，可相应地加入含氮底物。相反的，如果底物 C/N 比值过低，可以通过加入含碳底物来降低。表 4-4 列举了农村常见堆肥底物的氮含量和 C/N。

表 4-4　农村常见堆肥底物的氮含量和 C/N

物　料	$w(N)/\%$	C/N 比值	物料	$w(N)/\%$	C/N 比值
人粪	5.5~6.5	(6~10)∶1	厨房垃圾	2.15	25∶1
人尿	15~18	0.8∶1	羊厩肥	8.75	—
猪粪	2	17∶1	猪厩肥	3.75	—
混合的屠宰场废物	7~10	2∶1	混合垃圾	1.05	34∶1
活性污泥	5.0~6.0	6∶1	农家庭院垃圾	2.15	14∶1
混合乔灌木剪枝	0.5~1	(70~90)∶1	牛厩肥	1.7	18∶1
嫩草	4	12∶1	干麦秸	0.53	87∶1
杂草	2.4	19∶1	干稻草	0.63	67∶1
蔬菜类垃圾	2.7	19∶1	玉米秸秆	0.75	53∶1
水果类垃圾	0.9~2.6	(20~49)∶1	新闻纸	0.06~0.14	(398~852)∶1
蛋鸡粪	4~10	(3~10)∶1	松树皮	0.1	500∶1
肉鸡粪	1.6~3.9	(12~15)∶1	松木屑	0.09	550∶1

当堆肥底物的 C/N 比值为已知时，可按下式计算所需添加的氮源物质的数量：

$$K = \frac{C_1 + C_2}{N_1 + N_2} \qquad (4\text{-}1)$$

式中　K——混合原料的碳氮比。

各种底物的氮元素质量分数可通过标准凯式法测得。由于很难得到有代表性的样品，堆肥底物的碳元素质量分数很难分析，而且表征仪器也十分昂贵（如元素分析仪）。新西兰研究者在 19 世纪 50 年代提出了用于评估堆肥中碳质量分数的计算公式，如下所示：

$$碳元素质量分数（\%）=（100-灰分）/1.8 \qquad (4\text{-}2)$$

通过该公式所得的结果和更精确的实验室研究结果相差 2%～10%。在小规模的堆肥中，进行碳、氮元素的表征，在经济上是不划算的。通常情况下，如果绿色（颜色）新鲜垃圾（或者食物垃圾、新鲜垃圾）和干燥的非绿色垃圾的体积比是 1∶4 时，C/N 比值就会接近最适比值。

4.3.4　温度调控

堆肥化是微生物氧化降解混合有机物的放热过程，其中能量的 40%～50% 被微生物用于合成 ATP，剩余能量都以热的形式损失。大量的热造成了堆肥体的温度上升，甚至可能达到 70～90℃，这种现象也称之为"微生物自杀"。高温限制了微生物生长并降低了有机质的降解速率，只有一小部分嗜热细菌可在超过70℃的温度下继续进行微生物活动。为了得到高降解速率和最大的生物多样性，温度适合维持在 30～40℃ 之间。在堆肥过程中，可设置一个温度范围为 30～50℃ 的温度反馈控制装备。堆肥温度与微生物生长的关系见表 4-5。

事实上，在堆肥过程中，不能完全排除高温阶段，因为这是减少植物病原体的重要时期。而且，在堆肥化过程的初期，高温阶段会持续一段时间，这时大量存在的易降解分子可以支持温度达到 70℃。在通气系统中，主要的排热机理是冷却蒸发（水的蒸发），这大约可以移除 80%～90% 的热量。在这种系统中，传导散热的作用可能很小。

表 4-5　堆肥温度与微生物生长的关系

温度/℃	温度对微生物生长的影响	
	嗜温菌	嗜热菌
25～38	激发态	不适应
38～45	抑制状态	可开始生长
45～55	毁灭期	激发态
55～60	不适用（菌群萎退）	抑制状态（轻微度）
60～70	—	抑制状态（明显）
>70	—	毁灭期

4.3.5 pH 值

微生物的降解活动需要一个微酸性或中性的环境条件，最佳的 pH 值为 5.5~8.5。其中，细菌最适 pH 值是中性，真菌最适 pH 值是酸性。当细菌和真菌消化有机物质时，将释放出有机酸。在堆肥的最初阶段，这些酸性物质会积累。pH 值在初始时会下降（即降到 5.0）。当酸化过程结束后，中间产物几乎全部消失，pH 值就会升高，并且在结束时达到正常的区域。《生物有机肥》（NY 884—2012），要求堆肥产品的 pH 值为 5.5~8.5。如果在起始阶段 pH 值较高，并且温度较高，就会引起氮元素以氨的形式挥发。在厌氧消化中，临界 pH 值在一个很窄的范围内（如 6.5~7.5），堆肥过程中的 pH 值范围很大，很少会遇到因极高或极低 pH 值引起的问题。

因为堆肥过程 pH 值不大可能降到抑制微生物的水平，所以一般不需在堆肥过程添加石灰作为缓冲剂（水果废物除外）。事实上，在堆肥过程中不应该加入石灰。在近中性环境中，氮以 NH_4^+ 形式存在，pH 值提高（大于 7.5），氮主要以 NH_3 形式挥发，可能造成严重的氮元素损失。虽然在大多数有氧堆肥中都会发生氮元素的损失，但是加入石灰后灰增加氮元素的损失。

4.3.6 通气

氧气供应是堆肥成功与否的关键因素之一。堆肥空隙中的空气，随着微生物氧化活动，组成一直在变化。通常，二氧化碳含量上升，而氧气含量下降。堆肥中 CO_2 和 O_2 的总含量平均为 20%，氧气含量在 15%~20% 之间变化，二氧化碳含量在 0.5%~5% 之间变化。一旦氧气含量低于 8%，氧将成为好氧堆肥中微生物生命活动的限制因素，无氧微生物活动将超过有氧微生物活动，容易使堆肥发生厌氧作用而产生恶臭。

通风方式包括自然通风、被动通风和强制通风。自然通风是指通过翻堆进行通风的方式，用于条垛式堆肥系统中，不同阶段条垛系统翻堆的频率不同，通常采用温度作为是否翻堆的指示。被动通风是指因热气上升引起的"烟囱效应"使空气通过堆体的方式，与翻堆和强制通风相比，可降低投资和运行费用。强制通风包括正压鼓风、负压抽风、正压鼓风和负压通风相结合的混合通风。与其他通风方式相比，强制通风系统易于操作和控制，而且是为堆料生物降解提供氧气的最有效方法，但这种通风方法对通风管附近的堆料有明显的冷却效应。

一个较理想的状况是以一个特定的速率进行通气防止无氧过程发生。理论上，堆肥过程中的需氧量取决于碳被氧化的量。然而在堆肥过程中，只是易分解的物质被微生物利用合成新的细胞，同时为合成新的细胞提供能量，而一部分纤维素和木质素并不能完全被微生物分解，仍然保留在堆肥成品中。因为转化为细菌细胞物质和很难被微生物降解的碳元素不能确定，所以不能通过碳含量测定氧气的需求量。有研究人员提出，每吨湿润基质每分钟通入 $0.15m^3$ 空气，对于装有空气量测量装备的堆肥反应器是很有益的。

4.3.7　水分含量

含水率是好氧堆肥的关键因素之一。微生物所有的活动均需要水分，而且微生物只能摄取溶解性营养成分，大部分降解反应都发生在有机颗粒表面稀薄的水层。因此，堆肥原料的含水率大小对生物代谢的速度和腐熟度具有直接的影响。初始物料的最佳水分含量取决于物料的物态、粒子直径以及所使用的堆肥类型，一般认为堆肥原料的最佳含水率与有机物质量分数正相关。有专家提出，在好氧堆肥起始阶段原料的理想含水量是 60% ~ 70%，降解阶段的最佳含水量约为 50% ~ 60%。不同有机废物的含水率相差很大，通常要把不同种类的堆肥物质混合在一起，起到相互调节含水率的作用。

低水分含量意味着堆肥整体过于干燥，这会阻止生物过程并最终得到物理状态稳定但生物状态不稳定的堆肥产物。水分含量过多会挤走空气，物料颗粒间空隙被水分注满，使堆肥原料呈致密状态，堆肥就会向厌氧方向发展，导致堆肥化速度降低、终产物质量下降。好氧堆肥是一个水分含量不断降低的过程，在水分蒸发散失的过程中，堆体产生的多余热量可与环境进行热量交换，起到调节堆体温度的作用。在现代堆肥系统中，在堆肥化过程中可以加入水。在一个高速产热的系统中，需要通过水的蒸发来排热，需要周期性地添加水，从而支持微生物的高强度活动。值得注意的是，水分含量不适合进行连续的甚至频繁的调节，因为水分的加入会影响该过程诸多方面的因素。在堆肥的最后阶段，为了阻止已经稳定的材料中进行进一步的生物活动，水分含量应该相当的低（大约30%）。《生物有机肥》（NY 884—2012）和《有机肥料》（NY 525—2012）均规定堆肥的产品含水率低于30%。在水分含量的研究中，使水分含量成为限制因素的最低值也受到关注。如果水分含量低于8%，所有的微生物活动都会停止。因此，越接近这个值，水分的限制影响越大。

4.3.8　外源微生物的接种

堆肥中不同类型微生物，其分解的营养物质、分解率以及最终产物不同，堆肥中微生物分解营养物质的主要情况见表4-6。在堆肥过程中，通过人为接种特定的微生物，可以在堆肥温度、发酵时间、堆肥品质等方面产生有益效果，可谓一举多得，堆肥接种主要有益效果见表4-7。但是，并非所有外源微生物均对堆肥有明显的裨益，而且同一类型的外源菌剂，针对不同底物或者不同接种方式，结果也不相同。事实上，有时很难判断外源微生物对堆肥过程或堆肥产品产生的具体益处。同时，外源微生物的接种可能对堆肥体系的微生物群落结构产生明显变化，不同外源接种菌剂对堆肥体系的微生物群落结构的影响如图4-5所示。

表4-6 堆肥中微生物分解营养物质的主要情况

分解成分	微生物种类	分解率	最终产物
碳水化合物、脂肪、蛋白质	多种微生物	高	水、二氧化碳、氨气、氮气（中间产物为氨基酸、有机酸、醇类）
半纤维素	放线菌为主	高	水、二氧化碳（中间产物为五碳糖、六碳糖）
纤维素	好氧菌、放线菌、真菌、高温厌氧菌	中	水、二氧化碳、甲烷（中间产物为葡萄糖、醇类）
木质素	放线菌为主	低	水、二氧化碳（中间产物为酚类化合物等）

表4-7 堆肥接种主要有益效果

温度	加快堆肥升温速度，提高堆肥的最高温度，高温持续时间长
有机碳	加速有机物分解，加快有机碳分解
全氮、C/N 比值	减少氮素损失，C/N 比值降低，提高养分含量
类大肠菌群	大肠杆菌数量大幅度降低，有效杀灭病原微生物
主要微生物菌群	增加堆肥过程中细菌总数，提高微生物种群数量、群落功能多样性和群落均匀度
纤维素酶、尿酶	提高堆肥过程中纤维素酶、尿酶等的活性和峰值
腐熟度	提高堆肥的腐熟度
发酵时间	加速腐熟，缩短腐熟时间
堆肥品质	提高堆肥产品肥效

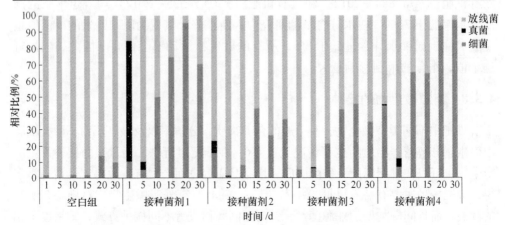

图4-5 不同外源接种菌剂对堆肥体系的微生物群落结构的影响

目前常用的堆肥接种剂主要有三种：微生物培养剂、商业添加剂和有效的自然材料。这些菌剂都含有种类丰富的微生物群体，特别是人工合成的复合微生物菌剂，主要包括纤维素分解菌剂、木质纤维素分解菌、酵母菌、放线菌、乳酸菌、固氮菌、除臭菌等。这些微生物在堆肥中各司其职，充分发挥作用，共同促进堆肥品质改善。

通过接种复合微生物加速纤维素废弃物腐熟，得到了大量研究。目前，研究最多的纤维素降解菌是霉菌，其中木霉、曲霉、根霉和青霉，特别是里氏木霉、绿色木霉、康氏木霉等是较好的纤维素酶产生菌。纤维素降解菌在自然界中普遍存在，好氧堆肥中常见的细菌菌种有噬细胞菌属、芽孢杆菌属、纤维菌属、假单胞菌属、克雷白氏杆菌属、氮单胞菌属。降解木质纤维素的菌种主要有真菌、细菌和放线菌，真菌主要是软腐菌、褐腐菌和白腐菌。木质纤维素的降解依赖于真菌，特别是白腐真菌，最有效的木质纤维素降解真菌为木霉属和黄孢原毛平革菌。堆肥生物接种剂及其功能见表4-8。

表4-8　堆肥微生物接种剂及其功能

接　种　剂	功　能
EM菌剂，由光合细菌、放线菌等10个属80余种微生物复合而成	广泛
酵菌素，由细菌、酵母菌、丝状菌三大类20多个菌株构成	用于秸秆快速腐熟和堆肥生产
乳酸菌、酵母菌、链霉菌、曲霉、毛霉等10个微生物菌株构成	含有纤维素分解菌、固氮微生物等菌株
以蘑菇栽培料增温发酵剂为母本筛选出来的嗜热细菌、放线菌、真菌组成	促进腐熟、牛粪堆肥升温等
纤维素分解菌、耐高温除臭酵母菌、木质素分解放线菌	提高牛粪堆肥细菌、放线菌数量，抑制真菌繁殖
好氧纤维素分解菌、硅酸盐细菌、固氮菌、有机磷细菌、酵母菌等组成	加速升温、维持高温
侧耳属、哈兹木霉和圆褐固氮菌属	处理园林废弃物
梭状芽孢杆菌、枯草芽孢杆菌、克雷伯氏菌、克雷伯氏菌和侧孢芽孢杆菌	有效降解一系列木质纤维素物质，包括结晶纤维素和天然纤维素
酵母菌、放线菌和芽孢杆菌	促进猪粪堆肥发酵腐熟
长枝木霉、球毛壳菌	有助于堆肥中纤维素、木质素等大分子物质的降解及其降解产物的转化
杆菌属	促进纤维素的降解
文氏曲霉、腐皮镰孢霉菌、毛霉属、南海海洋真菌、木霉属菌	使农场粪肥、水稻和蚯蚓肥联合堆肥周期提前14~28d

续表 4-8

接 种 剂	功 能
梭状芽孢杆菌	快速分解水稻秸秆中的半纤维素，最短发酵时间为 10d
假单孢菌属	能够产生新型纤维素酶
青霉属	降解木质纤维素
芽孢杆菌、热普通链霉菌、嗜热球形脲芽孢杆菌	加速纤维素垃圾堆肥进程
地衣芽孢杆菌、链霉菌	加速秸秆、羽毛、垃圾腐熟
木霉属、黄孢原毛平革菌	有效降解木质纤维素
黄曲霉、黑曲霉、桔曲霉	生产酶，降解木质纤维素
构巢曲霉、绿色木霉、白腐真菌和泡盛曲霉	缩短堆肥周期，改善堆肥质量

4.3.9 过程优化控制

堆肥过程优化控制是体现处理技术水平、降低运行成本、提高产品质量的一个重要因素。以下特征可以作为监视堆肥系统的指示物，包括堆肥温度的上升和下降、堆肥的气味和外观的改变、质地的改变及有机质的降解。除了根据传统经验，不断监视堆肥过程，通过手动控制调整氧气输送和反应温度外，还可以采用自动反馈控制对堆肥过程进行优化控制。自动反馈控制是通过由计算机控制的传感器监测堆肥过程，并把反应参数调整到设定值。目前主要采用的控制模式为：（1）时间控制。采用固定的运行程序定时开关风机，一般风机运行一半时间，停止一半时间；（2）温度控制。通过设定热敏电阻或热电耦等传感器的最高温度，利用控制软件控制风机的开关，从而堆体内的温度保持在最适合的温度范围内（55~60℃）；（3）时间-温度控制。在不同的条件下采用不同的控制方式，当堆体的温度小于 60℃时，采用时间控制，当堆体温度大于 60℃时，采用温度控制；（4）氧气和二氧化碳反馈控制。采用氧气或二氧化碳传感器采集数据，通过配套的控制软件反馈控制堆肥的供氧通风，工艺比较复杂。

《堆肥自动监测与控制设备》（CJ/T 369—2011）提出可通过采集堆肥过程中温度、氧气、氨气、硫化氢在线监测单元等监测信号，并结合工艺要求，通过自动控制单元实现对堆肥过程的优化控制。

4.4 堆肥工艺及实用技术

目前，常用的堆肥工艺主要有条垛式堆肥、槽（仓）式堆肥和反应器堆肥等。以下，以我国农村地区常见的堆肥底物——畜禽粪便为例，详细介绍主要堆肥工艺及关键参数。

4.4.1 堆肥工艺

4.4.1.1 条垛式堆肥工艺

条垛式堆肥作为一种古老的堆肥系统，一直被普遍采用，是一种典型的开放式堆肥，其特征是将原料简单堆积成窄长条垛，在好氧条件下进行分解，条垛式堆肥工艺如图4-6所示。条垛式系统可定期使用机械或人工进行翻堆来通风，也可以通过风机强制供氧通风。为了防止雨水等环境因素对堆肥造成不利影响，可以在堆肥场地加盖场棚。翻堆频率为每周3~5次，整个发酵过程需要40~60d。尽管是低水平的系统，但条垛式堆肥系统有诸多优点，如所需设备简单，投资成本较低，操作容易等。条垛式堆肥的缺点也是很明显，如占地面积大、堆肥周期较长、臭气不易控制、产品质量不稳定等。

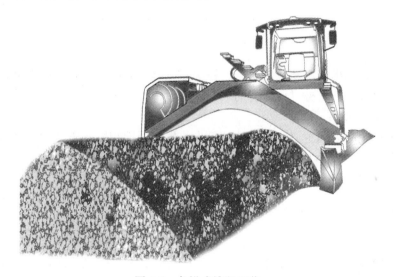

图 4-6　条垛式堆肥工艺

4.4.1.2 槽式堆肥工艺

槽式堆肥是一类将强制通风与定期翻堆相结合的堆肥系统。槽式堆肥一般在长而窄的通道内（被称为"槽"）进行，槽式堆肥工艺如图4-7所示。槽壁上方铺设有轨道，在轨道上安装翻抛机，可对物料进行翻搅。

槽的底部铺设有曝气管道，可对堆料进行通曝气。发酵槽的尺寸一般根据处理物料的量及选用的翻抛设备型号来确定。翻抛机搅拌的过程是对堆体进行破碎、混匀的过程，可避免发酵过程中堆体过分密实，提高堆体的疏松度，有利于对堆体进行充氧；同时通过翻抛的作用，可以使最底部物料和最上部物料都能经

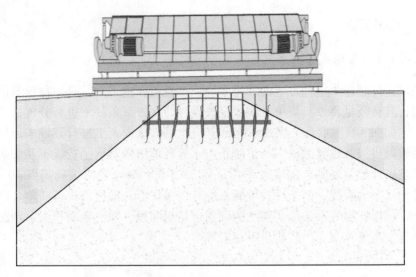

图 4-7　槽式堆肥工艺

历高温过程，堆出的产品更加均匀、稳定。发酵槽底部安装有通风管道系统，通过强制通风来保证发酵过程所需的氧气。物料一般在 1~2d 后即可达到 45℃，发酵周期为 30~40d。

　　槽式堆肥工艺的主要优点是处理量大、发酵周期较短、机械化程度高、可精确控制温度和氧气质量分数、臭气可收集易处理、不受气候影响、产品质量稳定；主要缺点是设备较多、操作较复杂、投资较高。

4.4.1.3　反应器堆肥工艺

　　反应器堆肥是一种在堆肥反应器内进行有机固体废弃物好氧发酵处理的堆肥工艺，有时候也称为"容器系统"。堆肥物料的进出、曝气、搅拌和除臭都在一体的密闭式反应器内进行。以筒仓式密闭反应器为例（见图 4-8），反应器高度一般为 4~6m，物料从仓顶加入，仓底出料，用高压涡轮风机强制通风供氧，以维持仓内物料的好氧发酵。物料发酵周期为 7~12d。密闭式反应器堆肥工艺适合于处理量小、环保要求高、土地资源紧缺、人力成本高、经济实力强的市场需求。该工艺主要优点是发酵周期短、占地面积小、无需辅料、保温节能效果好、自动化程度高、密闭系统臭气易控制；主要缺点是处理量小、投资高，且大规模项目需要布置较多设备。此外，我国农村地区的简易堆肥处理，也采用包裹仓式发酵仓，其存在结构简单、成本投资少、堆肥效果好等优点。

4.4.2　堆肥工艺选择

　　条垛式、槽/仓式、反应器堆肥工艺都各有优缺点，其主要特点见表 4-9。可

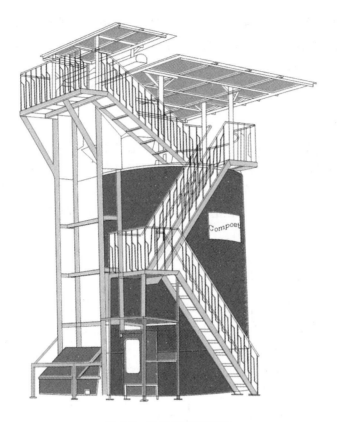

图 4-8　反应器堆肥工艺

根据原料、场地、生产规模、当地气候、环保政策、投资、产品出路等因素选择合适的堆肥工艺。

表 4-9　三种常见堆肥工艺的特点

条垛式	槽/仓式	反应器
设备少	设备较多，操作较复杂	设备一体化，单体处理量
运行简便	机械化程度高	自动化程度高
需要添加辅料	需要添加辅料	无需或少添加辅料
堆体温度和氧含量不易控制	可控制温度和氧含量	可以精确控制温度和氧气浓
易受气候和周边环境影响	不受气候影响	保温节能，不受气候影响
臭气不易控制	臭气易收集控制	臭气易控制
发酵周期长	发酵周期较短	发酵周期短
占地面积大	占地面积较大	占地面积小
投资少	土建投资高	土建投资少

对于畜禽养殖行业来说，通常条垛式堆肥适用于土地相对充裕，远离居民区，固定投资少的西北、东北等地区的中小型养殖场；槽式堆肥适用于土地面积较小，环保要求较高，固定投资高的大中型养殖场；反应器堆肥适用于土地面积小，环保要求高，立足就地处理的中小型养殖场。

4.4.3 堆肥工艺流程

堆肥工艺一般可分三个阶段：预处理、堆肥过程（一次发酵和二次发酵）和后处理。其中，一次发酵和二次发酵对有机肥生产工艺系统的设计和操作来说，缺一不可，是有机废弃物腐熟堆肥所必需的生产过程；预处理和后处理工艺需要根据原料的特点和企业产品规划而定。典型堆肥工艺流程如图 4-9所示。

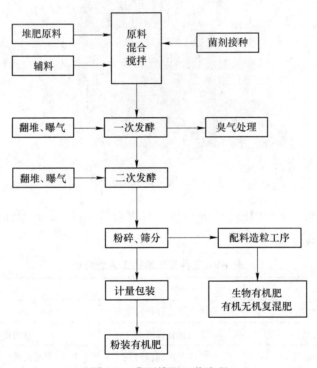

图 4-9　典型堆肥工艺流程

4.4.3.1　原料预处理

堆肥生产开始之前首先要对物料进行预处理，其目的是为了调节物料的含水率、碳氮比等，通用的设备是搅拌机或铲车等，堆肥原料预处理控制参数见表4-10。

表 4-10　堆肥原料预处理控制参数

参　数	控制范围	操　作　要　求
水分	55%~70%	物料水分高低搭配、干湿配合；可用秸秆等干物料调节
粒度	0.1~5.0cm	秸秆、树枝等大粒径原料要进行机械粉碎
pH 值	5.5~9.0	按照需要用生石灰、石膏、醋酸等调节 pH 值
C/N 比值	(20~40)∶1	高氮素的物料应选择高碳素物料进行调节，如秸秆等
堆肥接种	$(1~2)×10^{-3}$	按照湿物料的 $(1~2)×10^{-3}$ 接种

4.4.3.2　堆肥过程

在一次发酵中，物料堆体在微生物的作用下温度升高，达到 60℃ 以上。堆体在较高温度状态下，其内部水分主要以水蒸气的形式蒸发排走，部分会由物料表面析出后以渗滤液形式排出。一次发酵需要提供充足的氧气，以防由于通气不足产生大量臭气。一次发酵的目的是降低废弃物中的挥发生物质，减少臭气，杀灭寄生虫卵和病原微生物，达到无害化目的。一次发酵主要工艺控制参数为堆肥物料的温度、水分和氧气含量。

在二次发酵中，物料温度逐渐降低达到环境温度，臭气基本消除，微生物反应缓慢结束，物料达到稳定状态。经过高温阶段后期，微生物进入休眠或死亡状态，活动减少，自然进入降温过程。二次发酵时，有一部分微生物又开始重新活跃，对一些残余的较难分解的有机物（如木质素）作进一步的分解。二次发酵的目的是将物料中未降解的大分子有机物进一步分解、稳定，以满足后续产品的需要。二次发酵主要工艺控制参数为堆肥物料的温度和水分。

4.4.3.3　后处理

为了使堆肥后的有机肥满足商品销售标准，需要对其进一步加工，包括粉碎、筛分、配料和包装等。或者根据市场、客户需要，生产相应形式的有机肥产品，如添加理化调理剂、微生物菌剂等制备不同功能堆肥产品，包括栽培基质、土壤改良剂、商品有机肥、生物有机肥等，提高堆肥产品的肥效和商品性，进而提高综合收益。

4.4.4　条垛式堆肥工艺实用技术

以日处理 1t/d、10t/d 和 50t/d 三种规模的条垛式堆肥工艺为例进行具体说明。条垛式堆肥工艺一般用铲车将经过预处理的畜禽粪便及辅料进行混合，然后在发酵区堆制成长条形的堆或条垛，采用铲车或条垛翻堆机进行翻堆搅拌曝气，完成好氧发酵过程。经过 20~30d 的一次发酵后，堆体体积减小；通过铲车将条垛整合，进行二次发酵，待温度逐渐降低并稳定后，产品即完全腐熟，总堆肥周期为40~60d。不同规模条垛的设施和设备配置要求见表4-11。

表4-11 不同规模条垛的设施要求设备配置要求

规模/t·d⁻¹	1	10	50
设施面积/m²	500~1000	3000~5000	7000~12000
建设要求	地面硬化，阳光板，考虑渗滤液排水	地面硬化，彩钢结构，考虑渗滤液排水	地面硬化，彩钢结构，考虑渗滤液排水
粉碎设备	粉碎机	粉碎机	粉碎机
	处理能力 1t/h	处理能力 4t/h	处理能力 1t/h
运输设备	铲车（0.8m³）	铲车（1.7m³）	铲车（3m³）
翻堆设备	铲车（0.8m³）	铲车（1.7m³）或条垛翻堆机	铲车（3m³）或条垛翻堆机
翻堆机（条垛）宽/m	1.8	2.3	3.1
翻堆机（条垛）高/m	0.8	1	1.4
条垛总长/m	80	500	1300
推荐条垛数	4	8	15

条垛或堆肥发酵工艺控制包括原料预处理、一次发酵和二次发酵三个阶段，条垛式堆肥工艺过程控制参数见表4-12。

表4-12 条垛式堆肥工艺过程控制参数

名　称	工艺控制参数
原料预处理	
畜禽粪便	结构疏松不结块，含水率50%~80%
辅料	粒度0.1~2cm，含水率<30%
混合物料	含水率55%~65%，C/N比值（20~40）∶1，pH值5.5~9.0
一次发酵	
发酵周期/d	20~30
翻堆	1次/d
发酵温度/持续时间	55℃以上，≥15d
成品	含水率≤50%，温度≤40℃，无蝇无虫卵
二次发酵	
发酵周期/d	20~30
翻堆	2d/次
成品	含水率≤45%，温度≤35℃，无臭味

4.4.5　槽式堆肥工艺实用技术

以日处理 5t/d、50t/d 和 100t/d 畜禽粪便的槽式堆肥工艺为例进行具体说明。槽式堆肥目前在各类规模化养殖场中被广泛应用，根据畜禽粪便处理量和翻堆机设备不同，可选择单槽或多槽。日处理 5t/d、50t/d、100t/d 槽式堆肥的设施面积和各单元设备配置要求见表4-13。

表 4-13　日处理 5t/d、50t/d、100t/d 槽式堆肥设施面积和各单元设备要求

工艺单元	工艺参数/t·d⁻¹	5	50	100
原辅料车间	设施面积/m²	100~200	400~600	800~1200
	混料方式	铲车	铲车、混料机、投料仓	铲车、混料机、投料仓
发酵车间	设施面积/m²	300~400	1200~1500	2400~3000
	进料方式	铲车	铲车或自动进料	自动布料
	出料方式	铲车	铲车或自动出料	自动出料
	供氧方式	鼓风机	鼓风机	鼓风机
二次发酵车间	设施面积/m²	150~200	600~800	1200~1500
	二次发酵模式	二次发酵床	二次发酵仓或二次发酵槽	二次发酵仓或二次发酵槽
	供氧方式	铲车翻倒	鼓风机	鼓风机
加工车间	设施面积/m²	200	1000	1500
	产品模式	粉状肥料	粉状肥料	粉/粒状肥料
成品库房	设施面积/m²	150~200	800~1000	1500~2000
主体设备		翻堆机、鼓风机、铲车	翻堆机、鼓风机、混料设备（可选）、自动进出料设备（可选）、曝气中控设备（可选）、铲车	翻堆机、鼓风机、混料设备（可选）、自动进出料设备（可选）、曝气中控设备（可选）、铲车

槽式堆肥工艺参数包括一次发酵和二次发酵两部分，主要控制指标包括各部分的温度调节、发酵时间控制、翻堆控制和供氧控制等，一、二次发酵工艺参数见表4-14。

表4-14 一、二次发酵工艺参数

项　目	参　数
一次发酵	
一次发酵周期/d	15~20
一次发酵	55℃以上高温期≥7d
翻堆/次·d⁻¹	1~2
供氧浓度/%	≥5
一次发酵后含水率/%	≤50
卫生要求	无蝇虫卵
一次发酵后温度/℃	≤40
臭气浓度	恶臭污染物排放标准
二次发酵	
二次发酵周期/d	15~20
二次发酵温度/℃	≤50
翻堆/次·d⁻¹	2~3
供氧浓度	根据发酵情况调整
二次发酵后含水率/%	≤45
卫生要求	无臭味
二次发酵后温度/℃	≤35
臭气浓度	恶臭污染物排放标准

4.4.6　反应器堆肥实用技术

以日处理2t和5t的畜禽粪便反应器堆肥工艺为例，进行具体说明。常见的堆肥反应器包括筒仓式和滚筒式堆肥反应器。筒仓式堆肥反应器是一种从顶部进料底部出料的筒仓。通过旋转桨或轴，在筒仓的上部混合堆肥原料、从底部取出堆肥。筒仓的底部设有通过系统，空气通过堆料后，在筒仓的上部收集并进行除臭处理。滚筒式堆肥反应器，是一种使用水平滚筒来混合、通风，以及输出物料的堆肥系统。滚筒架在大的支座上，并且通过一个机械传动装置来翻动。由滚筒的出料端提供通气，原料在滚筒中翻动时与空气混合在一起。新堆料通过滚筒的入口处添加。

反应器堆肥设施区不需要建设厂房，只需将反应器设备安装区的地面进行硬化即可。反应器堆肥设施面积和设备配置要求见表4-15。

表 4-15　反应器堆肥设施面积和设备配制要求

规模/t·d^{-1}		2	5
设施面积	反应器设备区面积/m²	50	60
	原料暂存区面积/m²	90	90
	产品贮存区面积/m²	300	600
筒仓式反应器	容积/m³	50~60	80~90
	附属设施	铲车/小推车	铲车/小推车
		除臭塔	除臭塔
滚筒式反应器	容积/m³	80~90	160~170
	附属设施	铲车/物料输送机	铲车/物料输送机
		除臭塔	除臭塔

　　筒仓式反应器自带进料仓，可选择铲车或小推车作为原料和产品的输送设备，实现进出料功能。滚筒式反应器可选择铲车或物料输送机作为原料和产品的输送设备，实现进出料功能。反应器堆肥工艺参数见表 4-16。

表 4-16　反应器堆肥工艺参数

项　目	参　数
发酵周期/d	7~12
搅拌	一般采取间歇搅拌方式，根据堆体温度和出料情况调整
发酵后含水率/%	≤40
卫生要求	无蝇虫卵
发酵温度	60℃以上高温期≥5d
供氧浓度/%	≥5（一般采取间歇曝气方式）

5 生物质厌氧发酵与能源转化技术

5.1 农村生物质厌氧发酵应用历史与发展现状

在农村生物质的利用中，厌氧消化（anaerobic digestion，AD）是极为普遍的方法。在中国，厌氧发酵有着悠久的历史。早在几千年前，发酵技术便已得到实际的应用，如酿酒、制醋、制酱等。除此之外，厌氧发酵还可用于沼气等生物气的生成。在中国近代以前，农村生物的厌氧发酵多是为生产食物而存在，但也有为数不多的能源应用。"沼气"一词最初由沼泽中所产生的气泡而得名。虽然有利用天然沼气的历史，但是人为的生产沼气的技术却没有形成。直到近代，中国台湾新竹县竹东镇人罗国瑞创造发明了水压式沼气池，并于 1929 年在广东汕头市开办了中国第一个沼气推广机构——国瑞瓦斯气灯公司。1931 年他迁到上海后，又成立了"中华国瑞天然瓦斯全国总行"，并在全国建立了 10 多个分行，沼气利用遍及全国 13 个省。在 20 世纪 50 年代，中国农村沼气开始蓬勃发展并掀起一次建设高潮。但是相关技术的不成熟性导致了最终并没有过多的沼气池良好的运行。到了 20 世纪 70 年代，全国沼气池总数增加到 700 多万个，此时，仍然由于技术不成熟且急于求成，大多数沼气池运行几年便宣布报废。

1980 年后，中国在认真总结沼气利用经验教训的基础上，组织 1700 多名沼气技术工作者，对沼气关键技术进行协作攻关，提出了"因地制宜、坚持质量、建管并重、综合利用、讲求实效、积极稳步发展"的沼气建设方针。通过引进消化国外厌氧研究新成果，研究总结出了一套农村户用水压式沼气池"圆、小、浅"科学建池技术、发酵工艺及配套设备。同时建立了从国家到省、市、县的沼气管理、推广、科研、质检及培训体系，使中国的沼气建设进入了健康、稳步发展的新阶段。目前为止，中国建设了大量的现代化厌氧发酵设施，工艺类型齐全，并且在不断地研发创新之中。建立起了能够运用农村各种生物质的工艺设备，如对作物秸秆、生活垃圾、生活污水、人畜粪尿、豆渣、屠宰场废物废水等的厌氧发酵能源化利用。发酵产物也改变了过去单一的沼气形式，能够实现回收氢气、乙醇、生物质汽油、柴油等多元化的形式。厌氧发酵技术同时也可用于堆肥等。

5.2　技术概念、原理及影响因素

厌氧发酵是指有机废弃物在厌氧条件下，通过相关微生物的代谢活动而被稳定化，同时伴有甲烷和 CO_2 产生。传统意义上，厌氧发酵分为几个连续的生物化学过程，即水解、酸化、产乙酸、产甲烷。为了更好地对厌氧发酵过程进行研究，也可将其分为酸生成相与甲烷生成相，即厌氧发酵生成甲烷的两相四阶段学说，生物质厌氧发酵过程主要生化反应过程如图 5-1 所示。

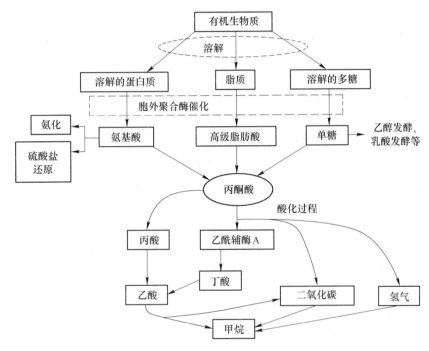

图 5-1　生物质厌氧发酵过程主要生化反应过程

水解阶段（Hydrolysis）：即难溶的复杂有机物（如多糖、蛋白质、脂质等）转变成简单的可溶性的小分子有机物的过程。在此过程中，在胞外聚合酶的作用下，蛋白质、脂质和多糖等被分解为氨基酸、长链脂肪酸和醇类物质以及单糖等。参与这一阶段的主要微生物有：Clostridium、Cellulomonas、Bacteroides、Succinivibrio、Prevotella、Ruminococcus、Fibrobacter、Firmicutes、Erwinia、Acetovibrio、Microbispora 等。

酸化阶段（Acidogenesis）：即可溶性小分子物质在产酸细菌的作用下，经过复杂的生化反应，被转化为挥发性脂肪酸（Volatile fatty acids，VFAs）。同时，也会有像氢气、二氧化碳、氨氮等副产物产生。其中，二氧化碳和氢气可被氢营养型产甲烷菌利用以生产甲烷。主要的产酸细菌包括：Peptoccus、Clostridium、

Lactobacillus、Geobacter、Bacteroides、Eubacterium、Phodopseudomonas、Desulfovibrio、Desulfobacter、Sarcina 等。

产乙酸阶段（Acetogenesis）：是指酸化过程中产生的挥发性脂肪酸（如丙酸、丁酸、戊酸等），在产乙酸微生物的作用下，通过 β 氧化过程转化为乙酸和氢气。但是，这一过程需要在嗜热且生成物（乙酸和氢气）的浓度相对偏低的条件下才能良好的发生。这一过程参与的主要微生物有：Syntrophobacter、Syntrophus、Pelotomaculum、Syntrophomonas、Syntrophothermus、Moorella、Desulfovibrio 等。

产甲烷阶段（Methanogenesis）：在这一过程中，甲烷的产生有两种形式，即乙酸营养型产甲烷和氢营养型产甲烷。乙酸营养型产甲烷过程发生的反应为：

$$CH_3COOH + H_2O \longrightarrow CH_4 + H_2CO_3, \quad \Delta G^{\ominus\prime} = -31\text{kJ/mol} \tag{5-1}$$

该过程主要依靠古细菌的代谢来完成，典型的菌属有 Methanosarcina 和 Methanosaeta。

氢营养型产甲烷过程的反应方程式为：

$$CO_2 + 8e + 8H^+ \longrightarrow CH_4 + 2H_2O, \quad \Delta G^{\ominus\prime} = -136\text{kJ/mol} \tag{5-2}$$

该过程的主要菌落有 Methanobacterium 和 Methanoculleus。

以上是厌氧发酵的两相四阶段学说。需要指出的是，厌氧发酵的目标产物不仅仅是甲烷。根据不同的目标产物，可将整个厌氧发酵过程控制在某一合理的过程。例如，可以根据需要生产氢气或者氢气与甲烷的混合气体。也可将整个过程只停留在发酵阶段，进行乙醇发酵或者乳酸发酵等。目前，生物乙醇已经投入到实际的工业生产中，且效益可观。

该过程涉及大量的生物化学反应，需要多种生物酶的参与。往往外界条件也正是依靠相关微生物的活性来影响整个厌氧发酵过程。影响厌氧发酵过程的主要因素包括：

（1）温度。一般情况下，厌氧发酵根据发酵温度的不同，可分为低温发酵、中温发酵和高温发酵。三者所对应的最佳温度分别为 $15 \sim 20℃$、$30 \sim 37℃$ 和 $50 \sim 55℃$。对于大型厌氧发酵工程，中温发酵和高温发酵通常需要加热措施和保温设备。中温发酵的停留时间一般为 $20 \sim 30d$，而高温发酵由于其高效的特点，一般为 $10 \sim 15d$。

（2）水力停留时间（HRT）。HRT 是基质在反应器中的停留时间、由反应器的体积和总的进样流量所决定。一般情况下，厌氧发酵时的污泥停留时间（SRT）等于水力停留时间（升流式厌氧床反应器可以不同）。在运行时要注意SRT 需大于甲烷发酵微生物的生长增值周期，不然会造成微生物的流失导致厌氧发酵不能正常进行。

（3）有机负荷（OLR）。OLR 是由甲烷发酵槽的有效容积决定的，影响因素还包括基质种类、反应槽样式以及 HRT 等。OLR 即发酵槽的有机负荷，是指厌氧消化槽在单位时间内所能所能容纳的有机物的量（$kg/m^3 \cdot d^{-1}$）。当负荷过高时，容易造成酸的积累，使 pH 值下降。负荷适中时，产酸与产甲烷过程达到平衡状态，此时厌氧消化的效率高且运行稳定。负荷过低时，产酸过程出现供货不足，导致 pH 值上升、甲烷产率降低。

（4）混合及搅拌。搅拌和混合对甲烷发酵的影响很大，它不仅能够使有机物与厌氧发酵细菌充分的结合，还能促进散热，使中温发酵和高温发酵槽内的温度分布均匀，并且使产生的甲烷气体能够及时从污泥中排出。

（5）pH 值、碱度与 VFAs 浓度。pH 值是影响微生物活性的关键因子之一，由于生物质能源化利用的最终产物一般是甲烷，所以 pH 值主要考虑影响产甲烷菌的活性。能够维持厌氧消化过程中产甲烷菌生长的最佳 pH 值是 6.6~7.6。对于水解和产酸过程而言，pH 值的范围则相对较宽。甲烷发酵液的碱度需要维持在 1000~5000mg/L 才能具有一定的缓冲能力。碱度受 HCO_3^-、OH^-、CO_3^{2-}、NH_4^+、HPO_4^{2-} 等离子影响，与 Na^+ 共存时碱度会有所变高。35℃时，pH 值和碱度的关系如图 5-2 所示。

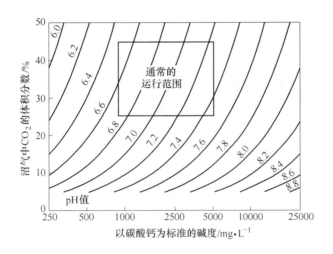

图 5-2　pH 值和碱度的关系

（6）碳氮比。碳氮比是指发酵基质中碳元素总量和氮元素总量的比例。碳氮比是影响微生物活性的因素，当碳氮比较小时，过多的氮元素就会被微生物转化为氨，导致消化液中的氨氮含量升高；碳氮比过高时，氮元素缺乏，影响微生物生长，对厌氧发酵也有不利影响。

（7）氨氮含量。氨氮能够对厌氧发酵产生影响，主要表现在高浓度（3000mg/L）氨氮对厌氧发酵过程的抑制作用。当氨氮浓度在 50~200mg/L 时，会对厌氧发酵起到促进作用；当浓度在 200~1000mg/L 时则无作用。浓度在 1500~3000mg/L 时，pH 值在 7.4~7.6 以上时会有抑制作用。

（8）重金属含量。在农村残留生物质中，一般很少有重金属污染。但是由于防疫消毒、下水道污染等原因，可能会使厌氧发酵槽内进入某些重金属有害物质，如含有铬、铜、汞、铅、锌、银、镍、镉等的有机或无机盐类。重金属对厌氧发酵的影响具有相对性，上述金属的某些盐类，在浓度低于 1mg/L 时，对微生物的活性有促进作用。但当超过一定的浓度范围时，则会破坏蛋白质结构，使其变性失活，从而使微生物活性降低甚至死亡，进而影响整个厌氧发酵过程。在生活污水污泥的厌氧发酵槽中存在充分的硫元素，能将重金属转化为硫化物，从而丧失毒性。另一方面，有些金属元素又是厌氧发酵微生物生存生活所必需的微量元素，如铁、铜、钯、锰、铯、钨、镍、钼、硼、铅等。缺乏必需元素会对发酵槽的运行产生抑制作用。生活污水污泥进行厌氧发酵时一般不会缺乏微量金属元素，但是餐厨垃圾和食品废弃物为基质的厌氧发酵应当注意。

5.3 技术分类与应用现状

5.3.1 沼气池

农村生物质的沼气化利用在中国有着悠久历史，也是农村生物质厌氧能源化的一种普遍形式。农村所产生的禽畜粪便、农林秸秆废物和餐厨垃圾等，均可以运用沼气池技术实现减量化、无害化与资源化。沼气池不仅能提供清洁的能源，有效的处理农村生物质废物，还能产生腐熟的沼渣沼液，可充当有机肥直接投入农田使用。截止到 2015 年底，中国农村沼气池的数量已经达到了 11 万座，其中特大型沼气池（池容大于 2500m³）34 座、大型沼气池（池容 500~2500m³）6737 座、中小型（池容小于 500m³）103898 座，总池容达 1892 万立方米。年产沼气 22 亿立方米，供气户约 210 万户。

沼气是一种清洁、高效的、廉价的可再生能源。农村发展沼气很重要，不仅可以方便农民的生活，还可以改善生态环境。开展农村的沼气建设，能推动农村经济发展，使农民得到实惠，促进农业产业结构调整。沼气产业实现了农业生产和农民生活的循环发展，极大地节约了农村能源。发展农村沼气产业，是解决中国农村能源问题和建设节约型新农村的有效途径。沼气的应用能有效缓解农村生活用能与环境保护之间的矛盾。以沼气建设为纽带推动农村富民工程，能提高资源有效利用率，减少污染排放，建设资源节约型和环境友好型社会，实现产气、积肥同步，养殖、种植并举，农民增收、农业增效、农村城镇化的目标。

中国农村沼气池一般为常温发酵。传统农村沼气池如图 5-3 所示，包含进料间、厌氧发酵间和水压间三个部分。进料间负责将生物质输送进发酵间进行发酵，在设计时可以设置为一个或多个。发酵间的形状以圆形为主，受占地面积限制或地下水位较高时，可将发酵间设计成椭球形或单跨拱长方形，容积不小于6.0m³。生产的沼气从发酵间上部排出，用来照明或做饭。水压间一方面有出料口的作用；另一方面，水压间的液面跟沼气池体内的液面产生了一个水位差。用气时，沼气开关打开，沼气在水压下排出，当沼气减少时，水压间的料也又返回池体内，使得水位差不断下降，沼气压力也随之降低。

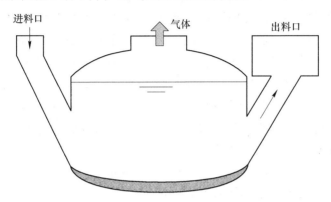

图 5-3 传统农村沼气池

农村沼气池在启动阶段应当投入一定比例的接种物，其主要有三种来源：（1）下水道污泥或河道污泥；（2）老沼气池发酵液；（3）沼气池底层污泥。以植物秸秆作为发酵原料时，应当保证加入接种物的质量大于秸秆的质量。采用下水道污泥进行接种时，接种量一般为发酵料液的 10%~15%；采用老沼气池发酵液时则在 30% 以上；以沼气池底层污泥为接种物时，接种量应维持在 10% 以上。

在生物质进入发酵间之前，最好进行一定的预处理。对于农作物秸秆类型的生物质，可以采用铡短或粉碎的方式。这样能方便进料和出料、增大发酵原料与沼气微生物的接触面、加速原料的分解等。也可以采用堆沤的方法，适当添加人畜粪尿等生物质，这样不仅避免发酵原料进入沼气池后，出现大量漂浮和结壳现象，同时也利于破坏作物秸秆表面的蜡质层。对于人畜粪尿等生物质，可直接投入或进行适当的稀释。

尽管沼气产业正蓬勃发展，但是农村沼气池并没有被普遍推广，原因有以下几点。首先，沼气池的使用寿命有限。由于技术不够成熟，缺少专业的施工人员，已建成的沼气池并没有完全投入使用或者使用年限只有 1~3 年。其次，相应的建设成本较高，影响了农户的建设积极性。再者，由于农村沼气池建设成本较低，在冬季大多不能保证正常的发酵温度，不能有效的搅拌与维持厌氧环境等。另外，沼渣的清理不易，占地面积大，普通百姓难以长期维持沼气池的正常运行等，这都使得沼气池得不到推广应用。这也促使大型的、集成化的、先进的厌氧发酵体系的产生。

5.3.2 大中型沼气工程技术

大中型沼气工程技术是一项以开发利用养殖场粪污为对象，以获取能源和治理环境污染为目的，实现农业生态良性循环的农村能源工程技术。大型厌氧发酵技术的出现解决了农村沼气池管理不集中、使用寿命短、缺乏技术指导等缺点。使得农村生物质能够更加合理妥善的利用，并且更好地实现资源化、减量化和无害化。相较于德国、丹麦、荷兰、美国及日本等发达国家，我国大型厌氧发酵技术起步较晚。但是，经过近几十年的发展，已实现了规模化、工业化应用。技术类型也更加的多元化，以适应不同的处理需求。目前，国内研发引用的沼气工艺以以下几种为主：完全混合式反应器（Continuous Stirred Tank Reactor，CSTR）、升流式固体反应器（Upflow Solids Reactor，USR）、升流式厌氧床反应器（Upflow Anaerobic Sludge Blanket，UASB）、厌氧膜生物反应器（Anaerobic Membrane Bioreactor，AnMBR）、微生物电解池-厌氧消化联合系统（Microbial Electrolysis Cell-Anaerobic Digestion United System，MEC-AD）等。

大型厌氧发酵技术最主要的技术核心是发酵槽的设计，厌氧发酵槽如图 5-4 所示。按照发酵槽的形状，大致可分为圆桶形、卵形、龟甲行三种。圆筒形发酵槽构造简单，施工方便，更实惠经济。这种罐体的底面可设计成平面或斜面，需要注意的是，当设计为平面时需要添加刮泥器。卵形或椭球形的发酵槽，上部和下部均为圆锥形，底部倾斜角度在45°以上。这种设计有利于搅拌与排出发酵物质，并且具有较小的表面积，通常有利于保温。卵形发酵槽在日本和德国得到了广泛的应用。龟形发酵槽兼具圆筒形的经济性和卵形发酵槽的优良搅拌性能，外形与圆筒形类似。

a   *b*

图 5-4　厌氧发酵槽

a—卵形；*b*—圆筒形

大型发酵工艺都有相应的配套工艺，包括前处理工艺与后处理工艺，以及能源存储于利用系统。各种工艺有序的组合在一起，形成一个庞大的厌氧发酵系统。前处理对发酵的影响很大，尤其对农作物秸秆而言。研究发现，分别采用氨化和堆沤的方式对水稻秸秆进行前处理，厌氧发酵的结果存在明显的差异，氨化后的秸秆产气量与纤维素的去除效果明显优于堆沤处理的水稻秸秆。不同的生物质种类，需要不同的预处理方式，主要有破碎、过滤、挤压、堆沤和氨化等。研究表明，对于餐厨垃圾的预处理，破碎后的厌氧发酵效果要明显优于挤压和过滤。后处理主要包括发酵液的处理与沼渣的处理。一般情况下，沼渣可用于农田生态系统的物质循环利用。沼液可以经过相应的配套设施处理后达标排放。储存气体系统尤为重要，如果处理不当，会发生爆炸，造成严重后果。产生的沼气可用来发电，并入国家电网或由农户直接利用，也可直接燃烧生物甲烷气用来照明或做饭。厌氧发酵工艺的物质循环流程如图 5-5 所示。

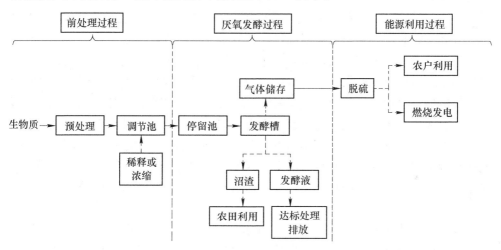

图 5-5　厌氧发酵工艺的物质循环流程

根据不同的生物质或者不同的发酵产物需求，可选择不同的发酵工艺。工艺种类的不同，工艺流程也相应的有所差别。在对农村生物质进行厌氧发酵时，可进行单一物质发酵或多种混合发酵。例如可将餐厨垃圾与人畜粪便进行发酵，也可以将家畜粪便与污水厂剩余污泥进行混合发酵。为了维持发酵槽的正常运行，在混合后要注意调节混合基质的挥发性固体（Volatile Solids，VS）、碳氮比、含固率等参数，可采取浓缩或稀释的方法，以避免发酵槽的负荷过高或者有机质含量较低的情况发生。

5.3.2.1　完全混合式反应器

完全混合式反应器（CSTR）是在常规厌氧发酵器内安装了搅拌装置，使发酵原料和微生物处于完全混合状态的反应器。污泥或污水连续或定期分批流入厌氧发酵池中，通过与池内原有的厌氧活性污泥（厌氧微生物）充分接触混合后，污泥或污水在厌氧阶段被厌氧微生物吸收、吸附，最终被厌氧微生物降解，使其转化为沼气。该技术已经不仅仅局限于对污泥的厌氧发酵，而是面向更广泛的生物质，如牛粪、污泥与餐厨垃圾混合基质以及其他农村有机废弃物等。正因如此，该技术也在全世界范围内得到了广泛的应用。

完全混合式反应器的水力停留时间（HRT）和固体停留时间（SRT）是相同的。为了使有机物能够被充分的降解，水力停留时间一般不应小于 15d。由于高温发酵需要水平较高的保温装置，并且要有加热设施，增加了投资成本和维护难度，所以该种反应器常采用中温发酵（35℃）。

反应器的搅拌装置有很多种搅拌方式，如气体搅拌、机械搅拌、泵循环、无动力搅拌与复合搅拌等。每种搅拌方式的间隔时间不等，一般设置为每隔 2~4h 搅拌 1 次。气体搅拌是在甲烷发酵槽上部利用鼓风机对沼气进行吸引，同时在槽内设置导流管利用气体循环将沼气再重新鼓入反应器内，引起整体的搅拌。该种方式只需要设置一个鼓风机，所以操作简单投资少，被广泛应用。但是，对于农村生物质等浓度很高的发酵液，难以达到良好的循环效果，不宜采用。机械搅拌是在反应器中设置搅拌机来搅拌发酵液。常见的方式是桨式搅拌机搅拌，也有设置导流管并用高速搅拌机来代替鼓风机设备的方式。机械搅拌适合处理高浓度的进水，搅拌的范围大且不易使沼渣和砂堆积。机械搅拌不需要强大的动力提供，能够在低动力下运行，具有较低的运行成本，因此适用范围更广。但是在设计时应该防止纤维状物质缠绕螺旋桨，要有密封良好的咒轴封装置，以防止水和气体的泄漏。

泵循环是用泵对整个反应器进行搅拌，其原理是在发酵罐外接一个循环回路，用泵抽吸循环，以使整个发酵液混合均匀。在循环回路中可串接多孔板以使布水均匀，也可以将砂石等杂物排出。

复合搅拌是气体搅拌、机械搅拌和泵循环三者的有机结合。不仅能搅拌高浓度的发酵液，还能去除浮渣等杂质。该方法最初为处理餐厨垃圾而设计。复合搅拌的发酵罐由主室和预留室组成。投入的固体物先经过预留室存储后进入主室，存储的目的是防止短路以保证反应高效顺利的进行，同时将砂石等不可发酵杂质排出。该方法具有很好的混合作用，必须依靠三种搅拌方式的共同作用，设计工艺复杂，不仅可以应对普通的农村生物质，也可用于生活垃圾等有机固形物的厌氧发酵。

无动力搅拌的甲烷发酵槽包括中心导流管、主发酵室、上部室等。投入的固形物由中心管通过搅拌翼流入主发酵室，经由搅拌轴送至上部室后排出槽外。发酵液由产生的沼气压力压送至上部室。当沼气被排出后，在气体压力下上升的发酵液迅速流下，产生强烈的搅拌效果。

完全混合式反应器具有底物均匀分布、可进入高悬浮固体（Supsended Solids，SS）含量原料、分散迅速、反应器内温度分布均匀、不易堵塞、能够避免气体逸出不畅等优点。同时，该发酵器体积较大、占地面积大、能耗高且不易混合，在排出发酵液时微生物易随出料流出。

在设计时，发酵槽个数应设置两个以上，以便于应对突发情况或检查维修等。大型厌氧发酵槽应当尤其注意搅拌方式的选择以及保温措施。常见的保温措施有三种，即外部加热、内部间接加热和蒸气直接注入。外部加热法是在发酵槽外部利用热交换器循环加热。内部间接加热是在发酵槽内部安装温水管进行循环加热。蒸气直接注入加热方法简单、热效率高，但是在设计时应当增大发酵槽的容积，以应对增加的蒸气水的体积。大型发酵槽一般多采用维修管理容易的外部加热方式。

5.3.2.2　升流式厌氧床反应器

升流式厌氧床反应器（UASB）是上流式污泥床的一种，20 世纪 70 年代由荷兰的 Lettinga 教授开发而出，适用于低 SS 含量废水的处理，同时可保证较高的污泥浓度。该工艺利用厌氧细菌可以自己凝聚和颗粒化的性质，会在反应器中形成可保持良好沉淀性能的颗粒污泥，从而达到快速去除污水中有机物的目的。该工艺共分为五部分，即底部进水布局区、中部反应区、上部气固液三相分离区、出水溢流区和剩余污泥排出区，UASB 反应器构造如图 5-6 所示。在三相分离区的两侧，安装气体收集装置和出水排出装置，以及在上部设置颗粒污泥沉降区。

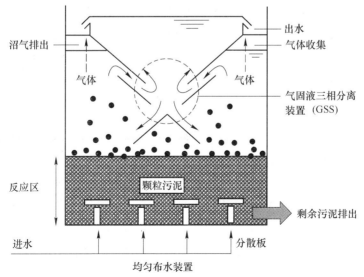

图 5-6　UASB 反应器构造

沉积的污泥继续返回到反应区工作，以达到循环利用的目的。

升流式厌氧床反应器在工作时，进水通过布水器进入 UASB 底部，水流由下向上流动，分散为均匀流。进水基质在向上流动的过程中，经过絮状或颗粒状污泥床，污水中有机物在厌氧状态下被分解利用并生成甲烷。在污水与颗粒污泥相接触过程中，厌氧消化菌与污水中的有机物发生一系列厌氧反应，产生大量的沼气，因此整个污泥床体会引起扰动。一部分沼气附着在污泥颗粒上，使污泥逐渐的上升；大部分自由气泡会上升至反应器的顶部，由沼气收集器排出。这种缓慢的上升过程即是缓慢的搅拌过程，这使得污泥颗粒与进水得到充分混合，有利于有机污染物的去除。

附着有甲烷的污泥颗粒在不断上升的过程中会撞击到三相分离器，此时三相分离器的下部挡板会起到阻碍作用，使自由气泡和被附着的气泡得到释放。被脱去沼气的颗粒污泥将流至污泥层表面。得到释放的甲烷汇集进入气体收集室。液体中含有的颗粒污泥进入到三相分离器的颗粒污泥沉降区，其他固体物包括生物颗粒在内，则从液体中被分离出来，再通过三相分离器的锥板间隙回到污泥层。

升流式厌氧床反应器有很多优点，如无需机械搅拌、负荷率高、工艺稳定和出水 SS 含量低等。但为了维持反应器的良好运行，反应器的布水器性能必须要高且必须有三相分离器。反应器能否高效运行，取决于能否形成沉淀性能良好的颗粒污泥，因此该工艺对进水水质的 SS 含量要求很高，并且要有良好的运行技术。富含高 SS 的废水主要有养殖场废水、啤酒厂废水、屠宰场废水以及其他食品工业废水等。

升流式厌氧床反应器的启动时间在 3 个月以上，因此，在需要迅速启动的情况下可以取其他设施的颗粒污泥作为接种污泥。如果能形成适量的颗粒污泥，UASB 的运行负荷会远远高于其他甲烷发酵工艺。良好运行的 UASB 的颗粒污泥 SVI（Sludge Volume Index）在 $10 \sim 30 mL/g$ 之间，自由沉降速率在 $20 \sim 40 m/h$ 之间。在运行 UASB 时，需要注意对含有大量 SS 的污水进行处理时，反应槽负荷不能过高。虽然 UASB 在 15℃低温环境下也可以运行，但是此时应注意把反应槽的负荷设计成低负荷状态。

近年来，日本国内的啤酒厂废水已经采用 UASB 处理。2001 年日本朝日啤酒公司通过厌氧处理 $1465.2 \times 10^4 m^3$ 废水，共回收了 4800t 甲烷气体。我国从 1980 年初开发和引进 UASB 处理技术后，在高浓度有机废水厌氧处理技术的发展方面进行了大量的开发研究，针对高浓度废水的特点，以啤酒、酿造业进行了攻关研究，在小试和中试研究的基础上，建立了一些示范工程。

5.3.2.3 厌氧膜生物反应器

厌氧膜生物反应器（AnMBR）是一种由膜分离单元与生物处理单元相结合

的新型水处理技术。最初由美国人在 20 世纪 60 年代开始研究，应用于污水处理方面。随着对该技术的不断深入研究，膜生物反应器越来越广泛的应用在各个领域，包括利用其来进行污水污泥和其他生物质的厌氧发酵。我国膜生物反应器技术虽然起步较晚，但是也得到了快速的发展，在厌氧膜生物反应器的研究方面也取得了很大进展。

膜组件按照膜的几何形状可分为中空纤维式、平板式和管式。按照膜组件与反应器结合的方式进行分类，AnMBR 可以分为外置式和一体式（内置式）两种结构，AnMBR 反应器如图 5-7 所示。

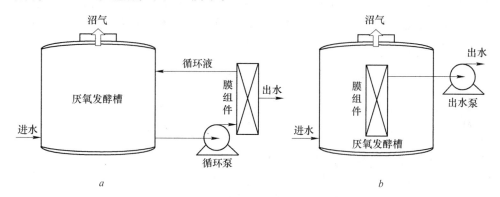

图 5-7　AnMBR 反应器

a—外置式；b— 一体式

AnMBR 是厌氧生物处理工艺与具有固液分离功能的膜组件相结合而构成的系统。它能处理高含固率的废水，如牲畜粪便废水、前处理过后的流体餐厨垃圾、污水污泥与悬浮物浓度高的食品厂加工废水等。近期，Sudini I. Padmasiri 等人构建了一套体积约 6L 的反应器，并在外部串联超滤膜组件（Ultrafiltration Membrane Module）用来处理猪粪。反应器共运行了近 300d，并获得了良好的处理效率和稳定的甲烷产率；且运行过程中，氢型产甲烷菌的种群结构稳定性较高，几乎不受负荷突增冲击影响。

AnMBR 的影响因素有 pH 值、温度、负荷、HRT、SRT、空速、生物气浓度等，同时也受膜形状、材料和操作条件的影响。pH 值、温度等因素主要靠影响微生物的活性或者胞外聚合酶的活性等来影响整个反应器的运行结果。James M. Wallace 等人借助内置式中等规模反应器（以液化的牛粪作为基质）研究发现，相对于对照组，过高的空速（972～2960μHz）会对厌氧膜生物反应器产生负面影响。

膜污染也是制约 AnMBR 运行状态与性能的关键控制因子。膜污染是指发酵液中的胶体粒子、无机盐或有机盐等，与膜通过物理化学作用或机械作用，在膜表面吸附或沉积，或者在膜孔内吸附造成膜孔径变小或堵塞，使水通过膜的阻力增加，过滤性下降，从而使膜通量下降、膜压差升高。膜污染是目前一个棘手的技术难题。同济大学研究者将连续搅拌釜反应器（CSTR）与中空纤维超滤膜（Hollow-fiber Ultrafiltration Membrane）相结合（外置式），研究了氮磷回收的技术可行性。实验采用猪粪污水作为基质研究发现，CSTR-AnMBR系统的甲烷产率比单独CSTR系统高出了83%，并且发现胞外聚合物中的多糖是导致膜污染的主要原因。

对于膜污染，传统的应对策略主要有：（1）控制所用基质的性质，即预处理、添加调控剂、选择合理的工艺条件等；（2）提升膜性能和优化操作条件，主要从膜材料的选择、膜组件的选择、优化操作条件等方面考虑；（3）膜污染清洗，例如物理清洗、化学、生物清洗等。

5.3.2.4　微生物电解池-厌氧消化联合系统

微生物电解池（MEC）是近年来一种新兴的生物电催化技术，其以富集于阴极表面的自养型电活性功能菌为生物催化剂（生物阴极），在外源微电压驱动下，突破超电势与内电阻限制，以CO_2为唯一碳源，催化合成多种胞外低碳燃料，如CH_4、乙酸等，实现CO_2减排同步能源化。

微生物电解池-厌氧消化联合系统（MEC-AD）是微生物电解池与厌氧消化槽相互耦合的系统，是用来处理污水、污泥及其他固体生物质的电催化厌氧发酵罐，能够达到良好的环境效益和能源效益。近年来，有关MEC-AD系统的研究层出不穷，从前处理方法、微电压范围、操作条件、反应器类型与大小、基质种类、目标生物气等方面进行了全方位的研究。一般来讲，以生成甲烷为目标产物的研究居多，也有以此来生产氢气或者甲烷和氢气的混合气体。当前，尚无关于此项技术的工程应用案例的报道。尽管如此，作为一项有着巨大潜力的新技术，仍旧吸引着大批厌氧工作者投身研究。

通常情况下，MEC-AD系统由电催化装置和厌氧发酵装置组合而成。电催化装置主要包括外部供电装置与电极材料以及串联电路所用的导线，电极材料能够为电活性微生物提供生活和工作的场所。因此，电极材料要具有耐腐蚀、无毒无污染、导电性好、表面积大、容易使微生物附着生长等性质。电极材料包括石墨棒、碳布、碳网、碳纸、石墨毛毡、颗粒活性炭、石墨颗粒、石墨纤维刷、碳纳米管海绵等。厌氧发酵装置其实就是小型的厌氧发酵槽，体积从几百毫升到几十升不等，包括搅拌设备、保温设备、进取样口以及集气装置等。一般情况下，根据两电极间有无离子交换膜，将其分为一体式（单腔式）和分离式（双腔式）两种MEC-AD系统，其系统构造如图5-8所示。有些体积较大的单腔式反应器内，会设置多对电极，分布规则均匀。

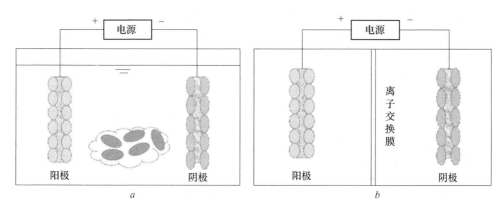

图 5-8　MEC-AD 系统构造示意图

a— 一体式；b—分离式

　　到目前为止，MEC-AD 系统已用于剩余污泥、污泥发酵液、水生植物、垃圾渗滤液、青贮玉米、牛粪等的产氢产甲烷。利用 MEC-AD 系统，能够克服传统厌氧发酵所面临的缺陷，例如过长的停留时间、低负荷、低有机物去除率、低甲烷产率等。Míriam Cerrillo 等人以牛粪作为基质，利用 MEC-AD 装置系统探讨了在有机物和氨氮过高负荷下的中温厌氧消化性能。结果表明，MEC 能够使恶化的厌氧发酵获得恢复，并且 TCOD 的去除率达到 46%±5%。

　　目前，MEC-AD 系统最突出的问题是很难达到投入能量的全部回收，这也限制了此项技术的应用推广。Liu 等人追踪分析了电催化过程中的微生物群落的动态变化和甲烷产生规律，结果表明电催化作用可促进甲烷产生和电子利用。但实验并未实现净能源的回收，他们将其归因于过慢种间以及微生物与电极间的电子传递速率，这导致了过低的电流和能源转化效率。但是，从环境效益和能源效益的角度综合考虑，这种技术仍然有着诸多优势。作为一项新颖的厌氧技术，微生物电解池-厌氧消化联合技术肯定会面临诸多问题，仍有大量的技术难题亟待解决。

5.4　典型案例

5.4.1　日本中空知卫生设施组合

　　日本中空知卫生设施组合是为了推进利用北海道空知地区的垃圾进行彻底回收和资源化建立的三个区域垃圾处理设施之一。该设施主要针对餐厨垃圾进行厌氧发酵，共有厌氧发酵槽 3 座，单池容积为 $700m^3$，停留时间 20d，运行温度控制在 35℃左右。甲烷发酵槽采用无动力搅拌方法。气体收集罐 1 个，体积为 $1000m^3$，产生的甲烷主要用来发电，发电方式为燃油混合双气体发电，规模为 80kW × 5 个。2006 年统计，该设施一年总发电量为 $1.38×10^6$ kW·h，占回收利用设施总电力使用量的 52%。排热为甲烷发酵槽加热所用，同时也作为发酵残渣脱水干燥后进行堆肥化处理的热源。中空知卫生设施组合循环处理工艺流程如图 5-9 所示。

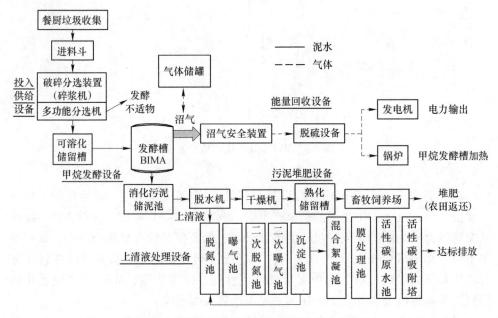

图 5-9　中空知卫生设施组合循环处理工艺流程

在消化槽运行过程中，技术人员发现硫化氢的浓度超过 1000mL/m^3，导致脱硫费用高，制约了能源的利用。另外，有大量的烟头以及含钙成分混入餐厨垃圾，经过消化过后会对机械设备产生磨损。

5.4.2　北京市某污水处理厂污泥厌氧发酵处理工程

北京市某污水处理区建成于 2006 年 5 月，升级改造工程开始于 2014 年 12 月，2016 年 5 月基本完工。厂区位于北京市朝阳区南四环东路 86 号，设计处理能力为日处理污水 60.00 万立方米。该污水处理厂自 2005 年 11 月正式投入运行以来，污水处理设备运转良好，日平均处理污水量为 61.60 万立方米。该项目采用先进的污水处理设备，厂区主体工艺采用 A_2/O 处理工艺，经处理后的污水水质排放标准为《城镇污水处理厂水污染物排放标准》（DB11/890—2012）。该污水处理厂建成后极大地改善了城市水环境，对治理污染，保护当地流域水质和生态平衡发挥了十分重要的作用，同时对改善朝阳区的投资环境，实现朝阳区社会经济可持续发展具有积极的推进作用。

污水厂采用厌氧消化的方式处理剩余污泥。改造前的该污水处理厂共有 5 座卵形消化池，单池容积 12300m^3，使用中温一级厌氧消化工艺，设计负荷每日单池进泥量 600m³，顶部进泥，静压排泥，停留时间 20d，运行温度控制在 35℃左右。在厌氧发酵启动阶段，该工艺采用先进清水再逐步提高进泥负荷的方式。该方法具有检查各系统是否运行正常、密闭性好坏、置换气体容易和很快进入产气阶段等优点。改造前厌氧消化系统主要由消化池、湿式脱硫系统、干式脱硫系统、气柜和废气燃烧器几个部分组成，改造前的污泥厌氧消化流程如图 5-10 所示。

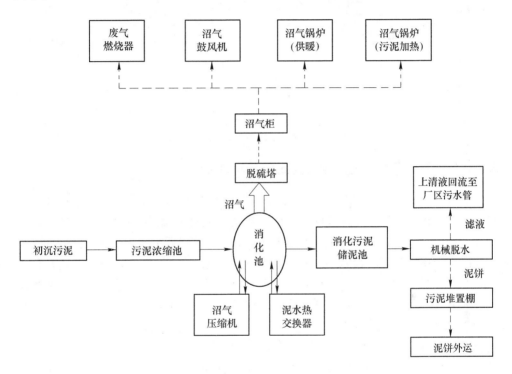

图 5-10 改造前的污泥厌氧消化流程

改造后的污泥处理单元采用热水解、高级厌氧消化、板框脱水、厌氧氨氧化相结合的工艺。污水处理区产生的污泥经预脱水后泵送到热水解和厌氧消化系统，经过高温高压和厌氧消化，污泥中的有机物被分解，产生高热值沼气，部分作为污泥热水解的热源，部分用于驱动厂内鼓风机，部分用于厂内冬季供暖。消化后的污泥经板框脱水并外运，进行堆肥处置，作为园林绿化的营养土。板框脱水滤液通过厌氧氨氧化系统处理，减少厂内回流液中的氨氮负荷，改造后的污泥处理工艺流程如图 5-11 所示。经过高级厌氧消化工艺，污泥实现稳定化、资源化、无害化和减量化，实现了污泥的低碳、绿色、可持续处理处置。

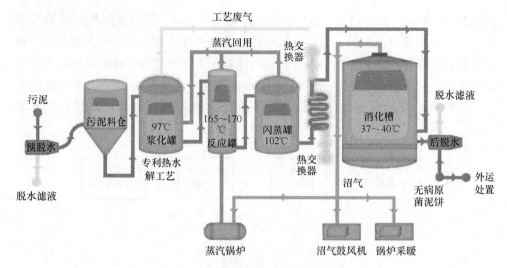

图 5-11　改造后的污泥处理工艺流程

5.4.3　青岛某污水处理厂剩余污泥厌氧发酵工程

青岛某污水处理厂扩建工程位于青岛市经济文化中心市南区和国家级旅游风景区崂山区的交界处，排海口西临 2008 年奥运会帆船比赛场地。污水厂一期工程于 1999 年建成投产，处理能力为 $1 \times 10^4 \mathrm{m}^3/\mathrm{d}$，扩建后的二期处理能力达到 $14 \times 10^4 \mathrm{m}^3/\mathrm{d}$，2006 年成功通水调试运行。该污水处理厂二期工程在有限的占地面积上，采用了威立雅水务工程（北京）有限公司的先进技术，污水处理主要采用化学强化高效沉淀池 Multiflo Trio、曝气生物滤池 Biostyr 工艺，占地面积少。污泥处理主要采用污泥中温厌氧消化、沼渣脱水和沼气发电技术，以该污水处理厂为例，其污泥消化和沼气发电工艺流程如图 5-12 所示。

该厂污泥的厌氧处理方式采取了中温消化和热电联产相结合的方式。中温消化温度为 35℃，设计最小固体停留时间为 20d。共设计 2 座厌氧消化池，单池体积 12700m³。消化池为混凝土结构，外部包裹保温措施。初沉污泥和剩余污泥与经过热交换器加热的循环污泥混合后进入到消化池底部。循环出泥也从底部中央位置被泵抽送至热交换器。消化槽出水从反应器上部排出，由液压套筒阀控制。消化槽的搅拌方式采用气体搅拌和机械搅拌相结合的方式。

沼气由消化池顶部排出，经过粗颗粒过滤器过滤后进入双膜储气柜内。沼气设计产量约为 14400m³/d，主要成分为甲烷和二氧化碳。沼气主要用来加热锅炉和发电，当沼气过剩时，会将过滤后的沼气通过火炬直接烧掉。经过中温厌氧消化和热电联产的连用处理，该厂的剩余污泥得到了有效的处理。厌氧消化所产生的沼气全部用于发电，可满足全厂 65% 以上的用电需求，回收的余热可加热消化池的污泥，经济效益可观。

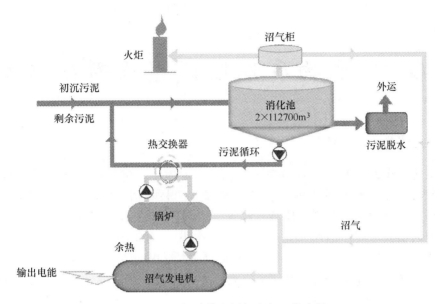

图 5-12 污泥消化和沼气发电工艺流程

6 生物质压缩成型燃料化技术

6.1 技术概念与原理

　　生物质压缩成型技术是指在一定压力、温度下，将结构疏松、形状不定、质量较轻、密度较小的农村废弃物（秸秆、树枝、稻壳、木屑等）经粉碎干燥、压缩、成型等环节制成棒状、粒状、块状等具有一定形状的高密度成型燃料。有时需要添加粘结剂来促进其成型，这些成型的物质统称为生物质颗粒，生物质来源及成型如图 6-1 所示，压缩成型基本流程如图 6-2 所示。生物质经压缩后，其强度、密度、热值得到了提高，大大改善了其燃烧性能，便于运输和使用。

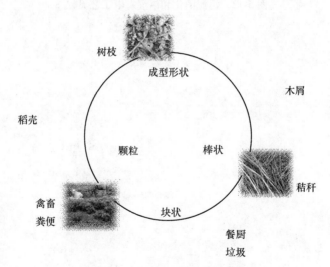

图 6-1　生物质来源及成型

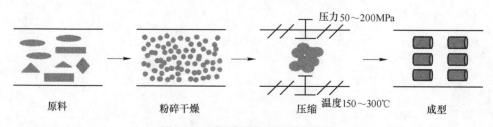

图 6-2　生物质压缩成型基本流程

通常生物质是高孔隙度的植物细胞材料，细胞内部主要由充满水的大液泡或干燥的空气组成，这为生物质压缩成型技术的可操作性提供了重要条件。植物细胞主要是由无定形聚合物木质素、半纤维素和部分结晶纤维素等组成的复合材料。纤维素是植物生物质的主要成分，是由葡萄糖单元组成的高分子量线性聚合物，密度在 $1.50\sim1.56 g/cm^3$ 之间，具有一定含水率的纤维素可在一定的压力下形成一定的形状。因此，生物质中纤维素含量在一定程度上决定了压缩成型的难易程度。一般而言，纤维素含量越高，越容易使生物质成型。木质素是由不同的苯基丙烷单体组成的三维空间聚合物，其三维结构会随植物种类变化而变，具有芳香族特性，可以使细胞相连，起到胶黏作用。在植物细胞壁中发现的聚合物中，木质素是唯一一个非碳水化合物（糖）单体组成的聚合物，属于非晶体，没有熔点，但存在软化点。当温度达到 $70\sim110℃$ 时，木质素开始软化，黏合力开始缓慢增加，黏度上升。当温度升至 $200\sim300℃$ 时，木质素软化程度加深、开始液化。此时对其施加一定的压力，可以使得它和因受热分子团变形的纤维素紧密粘接，并与附近颗粒互相胶黏，从而增大密度，降低体积，冷却后可以形成一定的形状。由于不同生物质纤维素、半纤维素、木质素的组成不同，所需要的温度和压力有所不同，过高和过低都会对生物质压缩成型造成不利影响。

根据对生物质的压缩成型过程的研究，大致可以将变形过程分为四个阶段：松散阶段、过渡阶段、压紧阶段和推移阶段，生物质成型如图 6-3 所示。在松散阶段，主要是排除原料细胞里的空气和水分，此时压力与变形呈现线性关系；在过渡阶段，大颗粒原料开始破碎成小颗粒，体积开始缩小、密度增大，主要发生的是弹性变形，压力与变形呈现指数关系；在压紧阶段，原料所受的压力到达一

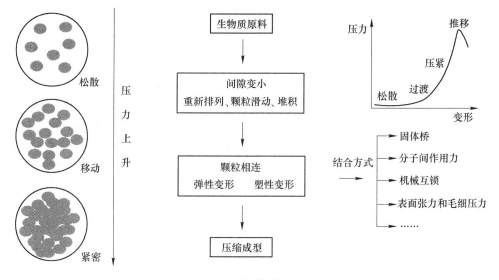

图 6-3　生物质颗粒成型

定限度，开始发生永久性变形，即塑形变形，燃料基本形成所固定的形状；在推移阶段，固定成型的燃料会发生塑性和弹黏性变形，会有反弹现象发生，例如松弛和蠕变等。

生物质压缩成型的粘结机制作为该技术的重点，受到了大量的关注，人们对此进行了大量的研究。Rumpf 作为第一个研究生物质颗粒和附聚物之间结合机制的人，提出了几种不同的结合机制。例如由于化学反应引起的相邻颗粒之间的共价键、氢键或粒子间的分子吸引力（范德华力）、非自由移动黏结剂作用的粘结力、纤维和颗粒之间的机械互锁以及自由移动液体的表面张力和毛细压力等。Kaliyan 等人对成型燃料粒子间结合方式从微观和宏观上进行了如下总结：

（1）微观上，粘附的驱动力在于分子之间的电子相互作用，当最大吸引力接近最小势能时，就会建立化学键。压力和热量都可以通过增加两组分子之间的接触来促进粒子间的黏附。

（2）宏观上，颗粒之间的结合力可以通过两种结合机制来阐述（没有"固定桥"的键合和与颗粒之间的"固定桥"键合）。当没有"固定桥"时，粒子间距离足够近，氢键和范德华力、静电力和磁力等固体颗粒之间的吸引力就会使得离子相互结合。在粒子间距离小于 $0.1\mu m$ 的时候，范德华力就会成为粒子间结合的主要作用力。Lindley 等人研究分析认为，尽管成型的生物质颗粒的密度和强度等会受到原料种类、压力、温度、原料粒度、原料含水率、添加剂等的影响，但其内在的成型机制都可以用 Rumpf 所阐述的一种或一种以上的黏结类型和黏结力来解释。

6.2　技术发展和特点

6.2.1　发展历史

生物质能作为一种可持续发展的清洁能源，得到了世界各国的关注和重视。关于生物质压缩成型的研究，早在 18 世纪初就开始进行了。在 1807 年，Dederick（美国）就发明了世界上第一台固定式压捆打包机。日本也在 1900 年开始研究煤粉压缩成型块，用来替代木材燃料。随着能源需求的上升和技术的发展，19 世纪下半叶，英国一家机械工程研究所开始以泥煤作为原材料进行压缩制作成褐煤和精煤，后来发展到以加工造纸厂的废弃物为原料来进行加工，生物质压缩成型燃料化技术于此开始了正式的研究发展，生物质压缩成型燃料化技术发展阶段如图 6-4 所示。20 世纪 30 年代，美国研制出了螺旋式压缩成型机，可以在 110~350℃、10Pa 的条件下将木屑和刨花压缩制成成型燃料。德国在二战期间因为能源紧张的缘故，开始研究生物质压缩技术，将生物质块作为民用燃料。日本也在此时开始进行研究，利用机械活塞式成型技术来处理木材废弃物。20 世纪 50 年代，日本引进了国外技术，研制出螺旋式挤压成型机，并逐步形成了自己的压缩成型燃料的工业体系。

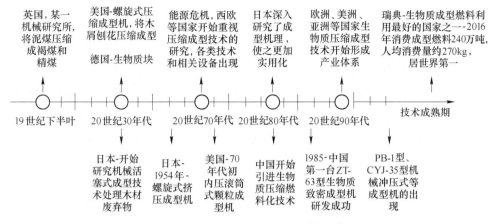

图 6-4 生物质压缩成型燃料化技术发展阶段

20 世纪 70 年代初，美国在螺旋式压缩成型机的基础上，研发出了新型的成型机——内压滚筒式颗粒成型机。70 年代后期，由于能源危机的出现，石油价格开始上涨，法国、德国、比利时等西欧国家开始重视生物质压缩成型技术的研究，之后，比利时研制出了"T117"螺旋压块机，德国研制了 KAHI 系列压粒机和 RUF 压块设备，各国也先后研发了各种成型机和相应的燃烧设备。80 年代开始，日本对生物质压缩成型机理进行了深入研究，包括原料的含水率、温度、压力、压模的结构和尺寸等对燃料成型的影响，进一步完善了该技术，增强了其实用性。除此之外，泰国、印度、菲律宾等亚洲国家也开始研究生物质压缩成型技术和相关设备。90 年代后，欧洲、美洲、亚洲等一些国家开始在生活领域应用生物质压缩成型燃料，成型燃料开始商品化，并日益成熟，逐渐形成了产业体系，在加热、供暖、干燥、发电等领域大量推广应用。

对比于国外相对成熟的生物质压缩成型燃料化技术体系，中国起步较晚，于 20 世纪 80 年代才开始生物质压缩成型技术的研究，并且存在一些问题，例如效率低、成型差等。"七五"期间，南京林业化工研究所首先将生物质压缩成型机和生物质成型理论设为研究课题。1985 年，湖南省衡阳市某机械厂研制出了中国第一台成型机——ZT-63 型生物质压缩成型机，而后西北农业大学研制出了新型秸秆固化成型机——X-7.5、JX-11 和 SZJ-80A。1986 年，江苏省连云港东海某机械厂引进了一台 OBM-88 棒状燃料成型机，随后不断有新设备和技术被引进。PB-1 型、CYJ-35 型机械冲压式成型机、HPB-1 型液压驱动活塞式成型机、HPB-IV 型液压驱动活塞式成型机等新型成型机也不断被研发出来，生物质压缩成型技术和设备得到了广泛的研究和应用。21 世纪后，国家更加关注生物质能的开发和利用，部分问题开始被解决，生物质成型技术开始趋于成熟，并部分商业化。

6.2.2 生物质压缩成型燃料特点

生物质压缩成型燃料有以下特点：

（1）清洁环保：生物质压缩成型燃料挥发分含量高（70%~80%以上），灰分极少，一般只有煤的1/20，燃烧无烟无味。其燃烧排放的CO_2是植物生长期间所吸收的，所以不会增加大气中CO_2的总量，即实现CO_2的"零排放"。该燃料中硫含量和氮含量也远低于煤风化石燃料，NO_x的排放量仅为煤炭的1/5，SO_2的排放量仅为煤炭的1/10。而且生物质中基本不含有重金属物质，也大大降低了重金属污染物的排放。

（2）性能改善：生物质压缩成型后，其燃烧性能平均提高了20%。燃烧更加充分，对比于生物质直接燃烧的低燃烧效率（10%~30%），压缩成型后其燃烧效率可达到90%。提高了着火性能，易于点火，即使是少量也可以充分燃烧。压缩后，密度和强度也有了极大的提升，降低了体积，也提高了热值，便于储存、运输和使用。

（3）经济性：我国生物质资源丰富，农作物秸秆的年产量超过7亿吨，林木业生物质资源约14亿吨，来源广泛，价格低廉，成本低，而且成型燃料可广泛应用于各个领域，包括生产、发电、取暖、生活等。

6.3 技术分类与应用现状

生物质压缩成型燃料化技术工艺流程如图6-5所示，在对生物质原料进行收集之后，需要进行一定的干燥和粉碎处理，然后根据收集的原料性质和对成型燃料的相关要求，选择是否需要进行其他的预处理加工。原料处理结束后，即可投加到相应的成型设备中，进行压缩成型。最后，对成型燃料进行适当切割、包装，投入使用。

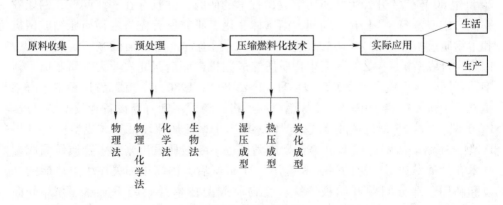

图6-5 生物质压缩成型燃料化技术工艺流程

6.3.1 原料收集

我国是农业大国，农林生物质来源广泛、种类多样。根据相关调查，我国理论生物质资源总量（标准煤）达到了 50 亿吨，相当于我国目前总能耗的 4 倍左右。但是由于我国生物质资源的分布不均、季节性集中、能源密度小等特点和特殊农业生产方式，生物质资源在收集、运输、储存等方面仍然存在着许多问题，难以大规模的收集和利用，也导致了大量生物质资源的浪费。同时，对于秸秆、薪柴、柴草、人畜粪便、木屑、谷壳和果壳等不同的生物质资源，收集的方式也不尽相同，需要因地制宜来选择合适的方法进行收集。而我国生物质原料资源收集基础薄弱、技术和设备还不完善，这也是导致生物质资源收集效率低下的原因之一，完善我国生物质收集利用体系是目前生物质能发展的重要方向之一。

6.3.2 预处理

生物质原料预处理方法大致可以分为四大类：物理法、物理-化学法、化学法和生物法。预处理的目的主要是破坏或分解原料原有结构，满足压缩成型时对原料的要求。在生物质压缩成型技术中，最常用的预处理是干燥和粉碎。

干燥是采用一定的方法，如高温等，将原料中的部分水分蒸发，以达到压缩成型的要求。适当的生物质原料含水率可以使压缩成型效果达到最佳，过高或过低都不利于压缩成型。当原料的含水率过低时，粒子会得不到充分的延展，使得粒子间不能够紧密结合；当原料的含水率较高时，多余的水分会分布在粒子层间，也会导致粒子层和粒子层之间不能够紧密贴合，都会对燃料成型有不利影响。一般来说，对于颗粒成型燃料，原料含水率控制在 15%~25% 之间；对于棒型成型燃料，原料含水率控制在 10% 以下。由于生物质原料的不同、压缩技术的多样、压缩设备的差异等，不同成型燃料对于原料的含水率也是不同的，干燥的条件也会有所不同。粉碎即是利用物理作用力将原料内部结构给破碎的一种工艺。一般，收集到的生物质原料形状不一、大小不同，需要进行粉碎，使其粒度变小、大小近似，从而达到工艺所要求的粒径范围。相关研究表明，原料的粒径越小，其伸长率或变形率越大，越容易成型。

为了使得原料有更好的物理化学性能，学者也研究了其他的预处理方法，如超声、微波照射、蒸汽爆破、化学药品、生物酶等，可以使得成型后的燃料具有更好的品质。超声波辅助制粒可以提高纤维素原料的密度，增强成型颗粒的耐久性，也提升了生物燃料转化率。原料经过经蒸气爆破后，成型颗粒的密度、松弛密度、耐久性均有了明显提高，也更易于压缩。对小麦和大麦秸秆进行微波-化学预处理后，原料的木质素结构遭到了破坏，使得成型燃料的密度和抗张强度有了很大的提高。使用合适的预处理，不仅可以降低原料压缩处理成本，也会使得成型燃料的性能得到改善。

6.3.3 生物质压缩成型工艺

生物质压缩成型工艺经过不断的发展和完善，工艺种类越来越多，根据不同的工艺特性，有着不同的分类方式。根据原料是否需要添加黏结剂分为加黏结剂和不加黏结剂的成型工艺；根据在原料是否进行预处理分为干压成型和湿压成型；根据压缩压力的大小分为高压压缩（大于100MPa）、中压压缩（5～100MPa，加热）和低压压缩（小于5MPa，添加黏结剂）。使用较为广泛的分类方法是根据工艺特性将生物质压缩成型工艺分为热压成型、湿压成型、炭化成型三种主要形式。

6.3.3.1 热压成型工艺

目前实际应用最多的生物质压缩成型工艺是热压成型工艺，即在较高的温度下，使生物质原料中的木质素软化，释放出起黏结作用的胶性物质，在高压下将粉碎的原料固定成一定的形状。根据原料被加热的单元的不同，可以将热压成型分为两类：（1）非预热热压成型工艺（原料在压缩成型单元被加热）。（2）预热热压成型工艺（原料在进入压缩成型单元前被加热）。

预热热压成型工艺在生物质原料进入成型机之前就进行了预热处理，原料中木质素已经软化，这就降低了成型所需的压力，也减少了成型部件的损耗，能耗更低，热压成型一般工艺流程如图6-6所示。由于生物质种类、性质、压缩设备、产品要求等因素的影响，实际的工艺流程会有所不同，但其压缩成型单元都是最为关键的一步。热压成型工艺环节较为复杂，压缩设备设计也比较繁琐，且对成型前原料的含水率有着严格要求（6%～12%），所以生产成本较高，同时燃烧性能很好。热压成型工艺未来发展的重点方向之一就在于如何优化工艺流程和简化设备制作和操作，从而降低生产成本。

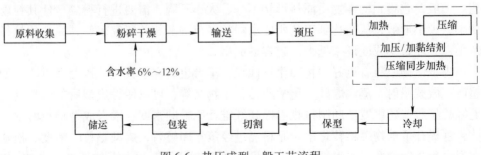

图6-6 热压成型一般工艺流程

6.3.3.2　湿压成型工艺

湿压成型工艺是指在常温条件下,将经过粉碎的生物质原料压缩成成型燃料的技术。或者将原料在常温的水中浸泡一段时间,使其湿润皲裂并部分降解,然后再高压压缩成成型燃料,可以加入黏结剂促进其成型,也称为常温成型技术或冷压成型技术。湿压成型一般工艺流程如图6-7所示,该工艺一般只经过粉碎和压缩两个环节,对原料的含水率要求低,可以在6%~25%之间,省略了干燥预处理。由于在常温下压缩,所以也无需冷却,成型后就可以切割包装。对比于热压成型工艺,该工艺简化了流程,也扩大了生物质原料的适用范围,压缩设备更加小型化,可移动性能强,大大节约了成本,降低了能耗。因为没有加热环节,木质素没被软化,所以压缩成型需要的压力通常会较大,会使得压缩期间原料和压缩设备之间摩擦加深,从而损坏压缩设备,缩短其使用寿命,且多数湿压成型燃料燃烧性能也较差。湿压成型典型的工艺技术有生物质常温固化成型技术(Highzones技术)、秸秆成型燃料技术(SDBF技术)和EcoTre System技术(ETS技术),都大大节约了能耗,产生的成型颗粒燃料燃烧性能也较好。

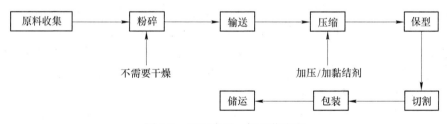

图6-7　湿压成型一般工艺流程

6.3.3.3　炭化成型工艺

炭化是指有机物通过热解而导致生成含碳量不断增加的化合物的一个长过程。根据炭化流程的不同,可以将炭化成型工艺分为两类。

(1)先成型再炭化:即先将疏松的生物质原料压缩成高密度的成型燃料,然后再用炭化炉将其炭化成木炭。

(2)先炭化再成型:即先将生物质原料炭化成粉粒状木炭,而后将其压缩成一定规格和形状的成品木炭,炭化成型一般工艺流程如图6-8所示。由于炭化后的原料维持既定形状的能力较差,容易裂开和破碎,所以一般都需要加入黏结剂来维持形状的稳定。黏结剂也有可能带来额外的环境问题,若不使用黏结剂,就必须提高压缩成型环节的压力,这也会导致压缩设备造价的上升。此外,炭化过程会破坏生物质原料中纤维素的结构,在高分子组分裂解转化为炭的同时释放出挥发分，降低压缩设备的磨损和能耗。炭化成型工艺的目的是制得成型炭，但同时也可以获得产品焦油和煤气。

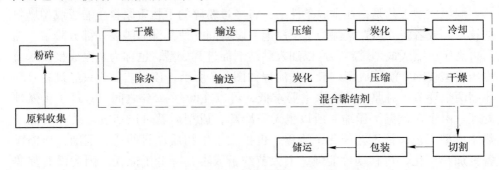

图 6-8　炭化成型一般工艺流程

　　炭化过程中，主要是纤维素、半纤维素和木质素三种主要成分发生热解，炭化热解机理如图 6-9 所示。Antal M J 等人在 1976 年首次提出了纤维素热解过程的竞争反应动力模型，纤维素有趋向于生物油或炭和小分子两个不同方向的热解过程（Broido-Nelson 模型）。Bradbury 进一步研究发现，纤维素在热解反映初期存在着一个高活化能从"非活化态"向"活化态"转变的反应过程，将 Broido-Nelson 模型改进成了 Broido-Shafizadeh 模型。对比于纤维素，半纤维素和木质素的热解研究较少，彭云云等人在对蔗渣半纤维素进行研究后，将半纤维素热解过程分为 4 个阶段：（1）失水过程（190℃以前）；（2）失重阶段（200～280℃）；（3）分解阶段，半纤维素分解成小分子气体（280～350℃）；（4）炭化阶段，半纤维素失重趋于平缓（400℃以上）。Antal 等人研究发现，木质素在高活化能条件下可以生成各种芳香族产物，在低活化能条件下可以生成焦炭及小分子气体组分。

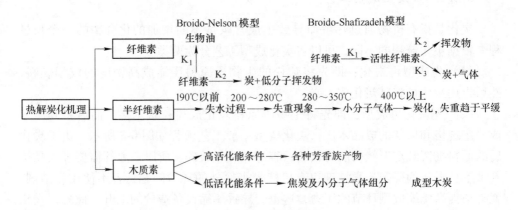

图 6-9　炭化热解机理

6.3.4 成型设备

根据不同的条件，生物质压缩成型设备的分类也有所不同。根据主轴放置方位的不同，可以分为立式设备（传动主轴垂直放置）和卧式设备（传动主轴垂直放置）；根据成型燃料尺寸，可以分为压块式设备（成型颗粒尺寸大于25mm）和颗粒式设备（成型颗粒尺寸小于15mm）；根据设备的工作原理，可以分为螺旋挤压式成型机、活塞冲压式成型机和压辊式成型机。其中螺旋挤压式成型机、活塞冲压式成型机采用热压成型工艺，压辊式成型机采用冷压成型工艺。

6.3.4.1 螺旋挤压式成型机

螺旋挤压式成型机是最早开发的压缩成型设备，该技术也是目前应用最为普遍和最为成熟的技术。螺旋式挤压成型机主要依靠外部的加热装置对套筒内的生物质原料进行加热，使其成型温度维持在 150~300℃，从而将原料木质素、纤维素等软化，形成具有粘性的黏结剂，在锥形螺杆连续的推进与挤压作用下，得到生物质压缩成型燃料。可以在原料进入压缩单元前对其进行部分加热处理，即预热处理，以缩短加热长度。螺旋挤压式成型机结构如图 6-10 所示。该成型机主要适用于木屑、稻壳、棉秆等木质生物质原料的压缩成型，要求原料粒度在 1~10mm，其中粒度在 4~6mm 以上的不应超过总体的 10%。原料的含水率应当控制在 8%~12%，以防止压缩成型过程中原料水分快速气化导致的成型块胀裂和"放炮"现象的发生。而绝大部分生物质原料含水率分布在 15%~35% 之间，这就必须进行干燥预处理，降低原料中水分含量。

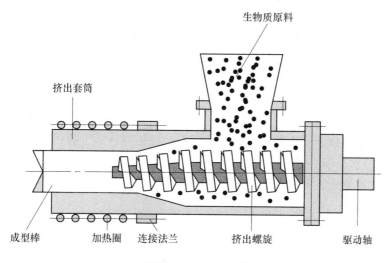

图 6-10　螺旋挤压式成型机结构示意图

螺旋挤压式成型机的主要优点是运行平稳、生产连续，可以形成密度、质量好、燃烧性能优异的成型燃料。目前制约螺旋挤压式成型机发展和应用的主要问题，其一是成型部件，尤其是螺旋杆和成型套筒，摩擦和高温使得磨损严重，使用寿命缩短；其二是工艺流程复杂，单位产品能耗高。针对部件磨损问题，大多采用表面硬化方法对螺杆型部位进行处理，如喷焊钨钴合金、焊条堆焊 618 或碳化钨。

6.3.4.2　活塞冲压式成型机

活塞冲压式成型机是通过高压力的活塞往复运动来推动生物质通过成型模具形成生物质压缩成型燃料，通常不需要外部加热。活塞冲压式成型机结构如图 6-11 所示。该技术改变了成型部件与原料之间的作用方式，较大程度地解决了螺旋挤压式成型机所存在的成型件磨损严重、能耗高等问题，显著提高了成型部件的使用寿命。活塞冲压式成型机适用于各种农作物秸秆的压缩，包括不易压缩成型的麦草和稻壳等，其所要求的原料粉碎粒度很低，可以在 1～100mm 之间。根据驱动力的不同，活塞冲压式成型机可分为机械驱动活塞式成型机和液压驱动活塞式成型机两类。

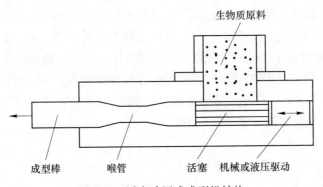

图 6-11　活塞冲压式成型机结构

机械驱动活塞式成型机一般依靠发动机或电动机带动飞轮作驱动力，结构简单，生产能力大，但振动负荷较大，容易导致机器运行不稳定性，噪音较大，润滑油污染也较严重。液压驱动活塞式成型机一般依靠液压缸提供动力，它克服了上述部分缺点，同时生物质原料含水率可以高达 20%，但由于其机械行程大、间断挤压的生产方式，导致其也存在着生产率不高，产品质量不稳定的问题。

6.3.4.3　压辊式成型机

压辊式成型机主要由压辊和压模两个部件组成，生物质原料进入压辊和压模之间，在压辊转动挤压作用下，原料被压入压模内的成型孔中，形成圆柱形或棱柱形燃料，而后经切刀切成颗粒状。可以通过调整膜孔的形状和大小，来改变成型燃料的形状。可适用于压辊式成型机压缩的生物质原料范围广泛，如木屑、秸秆、稻壳等纤维较长的原料，压缩过程中一般不需要进行外部加热，可以根据原料性质选择性加入少量黏结剂。该技术属于湿压成型技术，对原料的含水率要求不高，在 10%~40% 以内都可以很好的被压缩成型。根据压模形状的不同，压辊式成型机可分为平模式成型机、环模式成型机和对辊式成型机三种。

平模式成型机的结构如图 6-12a 所示。将原料通过送料器均匀的分布在水平固定压模上，通过压辊的挤压进入膜孔成型。由于压模和压辊的相互运动和摩擦作用，要求的生物质原料粒度可以相对较大，但其产生的压力不高，导致生成的颗粒燃料密度较低。平模式成型机的优点就在于结构简单，制造简单，造价较低，其不足在于多为小型结构，产量相对较低。

环模式成型机的结构如图 6-12b 所示，主要工作部件是压辊和压模圈，压模圈分布着许多成型膜孔，压模圈内的压辊能随着压模圈的转动而转动，生物质原料投加进去，在压辊和压模圈相对旋转运动的作用下，会将其逐渐挤压入膜孔形成压缩燃料，再由固定不动的切刀将其切割成颗粒状。相对于平模式成型机，环模式成型机自动化程度高，产量较大，耗电较低，适合于规模化生产。

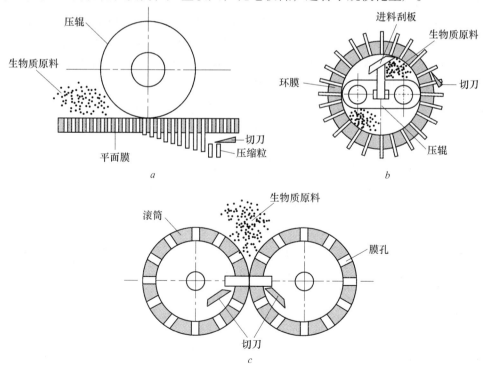

图 6-12　成型机结构示意图

a—平模式；*b*—环模式；*c*—对辊式

对辊式成型机的结构如图 6-12c 所示，主要工作部件是两个中空滚筒，在两个中空滚筒相互滚压得差速运动下，将原料挤压通过膜孔，经过切刀切割形成生物质颗粒燃料。对辊式成型机形成的燃料具有特定的结构和优异的力学性能，同时能耗较低。

总体来说，相比于螺旋挤压和活塞冲压式成型技术，压辊式成型技术工艺能够实现常温条件下、不加黏结剂的自然含水率生物质的压缩成型，对生物质原料的适应性好，而且生产率较高；但是存在着产品耐湿性较差的问题，遇水容易松散，同时设备的能耗较高，模具磨损也比较严重。

6.4 典型案例

6.4.1 典型案例一：生物质成型与燃料化

吉林省某新能源公司成立于 2006 年，在国家和有关部门的大力支持下，历经 3 年时间，开发出适用于我国生物质原料的通用型成型技术，并基本形成了生物质成型燃料的完整产业链，即资源收集、加工成型、燃具设计与配套、市场消费，成功实现了生物质资源能源化和市场化利用，是我国生物质成型燃料产业发展中典型的成功案例。

在资源收集环节上，该公司主要收集的生物质资源是以采伐剩余物（枝丫、树皮、树叶、树根、藤条、灌木等）为主的林业三剩物，雇佣当地林业职工采用日结工资的方式对林业三剩物进行收集和清运。以 50km 作为收集半径布点，就可满足年产 1.50 万吨生物质成型燃料加工厂的需求。

在加工成型上，该公司已经取得了两项国家发明专利，拥有并掌握了 10 项自有技术，研发出了从粉碎、烘干、制粒到包装的生物质燃料自动化生产线，在成型工艺和规模化生产方面处于国内领先水平，并有多项指标达到甚至超越了国外同类水平。针对中国生物质原料收集中普遍存在的树皮、树叶、泥土等原料不纯问题，辉南宏日新能源公司开发的设备充分考虑了该问题，设备具有广泛的适应性和长期运行稳定性，各类农、林生物质都可以加工成型。在吉林省辉南县、蛟河市、汪清县大兴沟和天桥岭以及山东省蓬莱市，该公司都兴建了生物质颗粒燃料生产加工厂，颗粒燃料总产能达到 7.5 万吨/年。

在燃具设计与配套方面，生物质成型燃料的燃烧特性是燃具设计的重要参考指标，主要包括热值、灰分和灰熔点。原料的不同，灰熔点也会有所变化，如果成型燃料的灰熔点偏低，就容易导致炉膛结渣、结焦，影响燃烧效果。配风设计也是燃具设计的重要指标，配风不合理不仅会降低燃烧效率，也会使得使污染物排放超标，危害环境。该公司 2007 年所设计应用的第一代锅炉并不成功，由于配风设计没有考虑周全，导致效果较差，污染问题严重。而后第二代锅炉充分考虑生物质燃料的特点和配风设计影响因素，并实现了自动化控制，在得到良好供热效果的同时，减少了污染物的排放，节约了维护成本。

在市场消费方面，目前该公司已经建成了 11 个示范项目，分别供民用、商用和工业用户使用，总供热面积近 100 万平方米，分布于吉林、山东、陕西各省，都取得了成功。其中典型的项目是一家四星级外资酒店，该酒店供热效果差，使用燃油锅炉来维持温度成本又太高，导致冬季大部分客房室温低于 18℃，影响了酒店的正常经营。在使用生物质成型燃料供热后，成本降低了 50%，并在冬季使温度稳定在 20~22℃，并且实现了减排。自该公司运营起，累计使用颗粒燃料超过 4 万吨，可替代标准煤 2.28 万吨，减排 5.93 万吨 CO_2、547.2 吨 SO_2 和 159.6 吨 NO_x，改善了环境。该公司结合我国实际的改进技术的思维和完整的产业链的模式都是值得其他公司学习和效仿的。

6.4.2 典型案例二：瑞典生物质能利用

近年来，瑞典可再生能源利用率居世界最高，温室气体排放量下降显著，这主要归功于对生物质能的充分全面的发展和利用。在瑞典，生物质能占全国一次能源消费量的 36%，排在一次能源量的第一位。2009 年，瑞典使用的生物质能在总消费能源中所占比例首次超过了石油，比水能和核能之和还多。相比于 1990年，2010 年其国民生产总值实现了 50% 的大幅上升，同时温室气体排放量也下降了 9%。其完善的成型工艺技术和设备、产品制造消费模式等，引起了各国的关注，值得学习和借鉴。

瑞典生物质能产业发展尤为成熟，其中 80% 生物质能都是以成型燃料形式消费。在 2016 年，瑞典消费成型燃料的总量达到了世界第一，共 240 万吨，人均消费量约 270kg。瑞典大约有 70 家成型燃料生产企业，每年生产成型燃料 300 多万吨，并且还进口成型燃料数十万吨，被广泛应用于各个领域，包括民用、商用、发电、供热等。就生物质发电而言，瑞典采用的热电联产模式发电，可以使得热效率达到 80% 以上，而近年使用的热电和成型燃料等多项联产更使得热效率达到了 95% 以上，效果显著。

瑞典生物质能之所以能发展快速，是因为国家坚定的政策支持、强有力的激励措施以及先进的科技和标准体系，同时瑞典丰富的生物质资源也是重要的一方面。瑞典拥有着约为 26.42 万平方千米的森林资源，占陆地面积的 64%，家庭平均拥有的森林林业达到了 0.5km²，每年可以用于生物质能源利用的约 2348 万立方米，产量丰富，这点与我国丰富的生物质产量特点类似。

早在 20 世纪 70 年代，由于石油禁运瑞典政府开始鼓励发展替代能源，生物质能源开始得到重视。1991 年实施的化石燃料二氧化碳排放税政策使得燃油价格上涨，生物质能迎来的高速发展期，数年间就将燃油供热挤出了市场。1997年，瑞典开始实行固定电价制度，对生物质热电联产工程进行投资补贴。2003

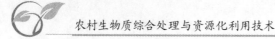

年，瑞典政府引入了配额制度，该制度规定电力生产商或电力供应商在电力生产或电力供应中，可再生能源发电必须要占有一定比例；期间各种燃料税、能源税、二氧化硫税等税法的出现，也大大推进了瑞典生物质能产业的发展。同时，瑞典完备的成型燃料研发体系和标准体系、先进的成型燃料生产技术和设备、先进的生物质燃烧装备和技术等，也保障了其生物质能产业快速的发展。瑞典于2006 年就宣布了 2020 年以后，瑞典将放弃石油燃料的使用，届时瑞典将成为地球上第一个全面使用可再生能源的无油国。

　　瑞典成功的生物质能发展案例值得中国学习，中国也拥有着丰富的生物质资源，就总量上来说高出瑞典好几个量级。但是中国生物质能产业却发展不佳，主要问题就在于不成熟的生物质能和相关成型燃料发展利用体系，技术和设备也有所欠缺。且没有相应的研发体系和标准体系，国家相关政策也不完善，在生物质发展上，中国仍需要不断学习、改进和完善。

生物质原料化利用技术

7.1 作物秸秆造纸技术

目前，中国制浆造纸技术包括化学法制浆、化学机械法制浆和废纸制浆。化学法制浆是指在特定的条件下利用含有化学药品的溶液处理植物原料，溶出绝大部分非纤维素成分而制得纸浆的生产过程，主要包括硫酸盐法制浆、烧碱法制浆及亚硫酸盐法制浆；化学机械法制浆是以化学预处理与机械磨解作用相结合的方式，使植物原料解离而制得纸浆的生产过程；废纸制浆是以废纸为原料，经过碎浆、净化等处理，必要时进行脱墨、漂白制得纸浆的生产过程。

造纸工业中，采用木质纤维材料作为纸张浆料，而木质纤维材料依其植物特性一般分为木材类及非木材类二种。木材纤维材料如松树、杨木、桉木、桦木、杉木等多年生植物，非木材纤维材料如稻杆、玉米秸秆、麦秆、蔗渣、棉秆、亚麻等一年生的常见农作物。其中，非木材纤维材料由于其纤维长度普遍较短且杂质含量多，因此在造纸工业中，通常使用木材纤维材料作为制浆原料。然而，木材纤维材料通常取自有价且生长缓慢的多年生植物，成本较高且栽植不易；相较之下，非木材纤维材料则多属作物秸秆中不具经济价值的部分（如稻秆、麦秆、蔗渣、棉秆等），不仅取得容易、生长时间短，更不需要为造纸的目的而另外栽植，也不会破坏自然生态。《造纸工业污染防治技术政策》鼓励低能耗、少污染的非木材制浆新工艺和新技术。

作物秸秆具有以下几个特征：（1）秸秆器官结构的不均一性，即杆、叶和茎鞘等部位纤维形态差异较大；（2）化学成分的差异，主要指草类半纤维素和木素结构的差异及其在制浆过程中溶出机理的差异；（3）纤维形态特征的差异。此类差异使秸秆制浆具有与木材制浆不同的技术特点，典型秸秆制浆工艺过程如图 7-1 所示。目前适用于作物秸秆的化学制浆技术包括横管式连续蒸煮制浆技术（简称横管连蒸）、热置换间歇蒸煮制浆技术（简称热置换蒸煮）和热置换立式连续蒸煮加疏解制浆技术（简称立式连蒸+疏解）。陈克复等人从资源及能源消耗、投资及运行本等方面，深入评价了横管连蒸、热置换蒸煮和立式连蒸+疏解等我国现有农业秸秆化学制浆造纸技术。

7.1.1 横管式连续蒸煮技术

横管式连续蒸煮技术（横管连蒸）属于高温快煮的蒸煮设备，当原料经过

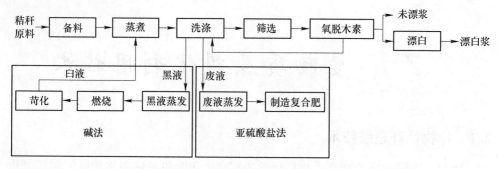

图 7-1　典型秸秆制浆工艺过程

预处理后进入密闭的蒸煮设备后，即直接被蒸气迅速加热到蒸煮温（160~175℃），蒸煮周期短。根据原料品种、浸渍条件、成浆质量的要求不同，蒸煮时间可调节，一般为 20~50min。横管连蒸技术主要设备为横管式连续蒸煮器，采用该技术较传统的间歇蒸煮技术粗浆得率提高 4%左右，还具有工艺稳定、自动化程度高及运行费用低等优点。该技术主要适用于化学非木（竹）浆生产企业。

7.1.2　热置换蒸煮技术

在热置换蒸煮技术中，间歇式蒸煮器内利用置换循环黑液和扩散洗涤的原理，用蒸煮液或洗涤水置换蒸煮废液，把蒸煮废液连同热量置换出来。该技术通过置换和黑液再循环的方式深度脱木素，主要设备为立式蒸煮锅及不同温度的白液槽和黑液槽，可降低纸浆卡伯值而不影响纸浆性能。与传统间歇蒸煮相比，该技术可有效降低蒸煮能耗，降低蒸气消耗峰值和废气排放，缩短蒸煮周期，改善纸浆质量。

目前已有多种形式的热置换蒸煮，如快速热置换加热蒸煮（RDH）及其改进版置换蒸煮系统（DDS）。与常规间歇蒸煮相比，DDS 具有蒸煮周期短（180~240min）、蒸煮消耗少（每吨浆需 600~800kg 蒸气）、用碱量低、蒸煮温度低（保温温度 160℃以下）、不存在臭气排放（在全封闭状态下进行）等。

7.1.3　新型立式连续蒸煮技术

新型立式连续蒸煮技术（立式连蒸）包括低固形物蒸煮技术和紧凑蒸煮技术等。低固形物蒸煮是将木（竹）片浸渍液及蒸煮液（大量脱木素阶段和最终脱木素阶段）抽出，大幅降低蒸煮液中固形物浓度的蒸煮技术，且可最大限度降低脱木素阶段蒸煮液中的有机物含量。紧凑蒸煮是在大量脱木素阶段，通过增加氢氧根离子和硫氢根离子浓度，提高硫酸盐蒸煮的选择性，并提高该阶段的木素脱除率，从而减少慢速反应阶段的残余木素量，主要设备为立式连续蒸煮器（蒸煮塔）。与传统立式连续蒸煮相比，该技术具有蒸煮温度低、电耗低、纸浆得率高等特点。该技术主要适用于化学木（竹）浆生产企业。由于秸秆纤维的特性，采用立式连蒸容易造成黑液黏度高，流动性差容易造成局部堵塞，纤维容易过煮而受破坏，纸浆质量严重不均衡。

山东某纸业公司通过调整蒸煮工艺——立式连蒸+疏解，成功应用于秸秆制浆工程，确定了最佳的秸秆制浆蒸煮终点等，最大限度保留了半纤维素，大幅度提高了纸浆硬度与得率，从而解决了立式蒸煮应用于农业秸秆制浆蒸煮过程的上述各项问题。通过热黑液循环利用，尽量保留半纤维素，对黑液在制浆过程中进行热处理，改善黑液黏度，提高提取率。此外，泉林纸业公司把热置换技术应用于立式蒸煮过程，并实现蒸煮全过程的自动化控制，形成了农业秸秆热置换立式连续蒸煮技术，应用于该公司的年产 30 万吨的麦草浆生产。在麦草浆生产流程中增加了机械疏解，采用高硬度制浆+机械疏解+氧脱木素组合技术。在制浆过程将化学反应转变为化学+物理反应，使高硬度纸浆纤维簇充分分离，保留了一定量的半纤维，制浆得率达到 55%，比传统麦草化学浆制浆得率增加了 10%。这一制浆技术也是目前较适用于农业秸秆制浆的重要工艺之一。

7.1.4　其他制浆技术

除了上述化学制浆技术外，作物秸秆还可通过生物法制备纸浆。中国台湾某纸业公司的 Npulp 制浆造纸新技术，对水稻秸秆分段后，添加培养溶液，并接种筛选自畜禽粪便的微生物，进行发酵培养制备制浆溶液。进一步蒸煮制浆溶液，而后散浆，筛分分离出纸浆。分出的纤维再利用热能、机械力和酵素（木聚糖酶），以无化学添加的工艺，生产出生态秸秆生物浆。该纸浆主要用于电子产品等的包装材料。英国 NER 公司也是采用生物机械技术，制造不同级别的纸浆，用于生产不同类型的纸制品，并可生产土壤调节剂等副产品。

7.1.5　秸秆化学制浆技术的比较

对横管连蒸、热置换蒸煮和立式连蒸+疏解等三项技术体系进行比较。除热置换蒸煮外，横管连蒸已应用于几十家制浆企业，每年产能均达到 5 万吨，最大年产能达 10 万吨；立式连蒸+疏解目前已有多条生产线。不同秸秆化学制浆技术在投资成本、资源与能源消耗和环境影响的比较见表 7-1，表中的数据取自于工厂实际生产线，其中关于热置换蒸煮的数据取自于木浆生产线。

表 7-1　不同秸秆化学制浆技术在投资成本、资源与能源消耗和环境影响的比较

	制浆技术	横管连蒸	热置换蒸煮	立式连蒸+疏解
投资及 运行成本	投资成本/万元	3000~3100	3000	3300~3500
	运行成本（风干浆）/元·t^{-1}	1000	800	800
	纸浆质量评价	优	优	优
资源与 能源消耗	取水量（风干浆）/$m^3 \cdot t^{-1}$	28~30	≤30	23
	用电量（包括备料及提取） /kW·h·t^{-1}	550~600	350~400	560
	中压蒸汽消耗量（风干浆） /kg·t^{-1}	1800	700~800	800
环境影响	黑液产生量（风干浆）/$m^3 \cdot t^{-1}$	7~10	7~9	8~9
	黑液提取率/%	85	85	90
	废水产生量（包括备料）/t	20	20	20
	对大气污染程度	无臭气排放	全封闭，有臭气 排放收集系统	无臭气排放
	黑液固形物利用程度	进碱回收系统 回收碱和热能	进碱回收系统 回收碱和热能	制有机肥料还田 循环利用

7.1.6　农业秸秆制浆黑液处理技术

7.1.6.1　碱回收技术

黑液碱回收技术，是指制浆洗涤工段黑液经多效蒸发浓缩后，送碱回收炉燃烧，回收热能，而后进行苛化分离，最终回收碱，送蒸煮工段循环使用的技术。有观点认为该技术是处理碱法黑液的最有效、最经济的一种方式。但是，由于碱回收技术本身的特点以及秸秆制浆黑液所具有的含硅量高、黏度大、流动性差等特性，使秸秆制浆黑液的碱回收技术仍存在如下较难克服的问题：

（1）投资大：碱回收系统工艺流程复杂、设备多、投资大、运行费用高，碱回收系统的建设投资接近化学浆生产线投资的一半。

（2）黑液提取率达不到理想值：黑液黏度大，滤水性差，一般黑液提取率都在90%以下，仍有10%的黑液进入废水，给后续的废水处理及环境带来影响。

（3）碱回收率过低：由于黑液的特性及技术上的原因，碱回收率一般不超过80%。

（4）能耗大成本高：黑液黏度大，提取浓度低，导致蒸发汽耗高等。

上述情况使秸秆制浆黑液的碱回收系统能耗大，碱回收成本高。

因此，通常广泛应用于木浆的碱回收治理黑液的方法，在草浆中存在较大的问题，小规模制浆无法突破经济技术关而不可能采用，大规模制浆则运行费用高，影响了企业的经济效益。行业内也有专家认为，用碱回收技术处理秸秆制浆黑液并不是最优的方法。

7.1.6.2 秸秆制浆黑液的生物处理法

利用微生物对秸秆制浆黑液进行发酵，可使其转化为有机肥。对碱性制浆黑液先进行中和，经养分调配及 pH 值调整后再进行微生物发酵，提取后的残渣制成复合肥；或在碱性中和后以制浆黑液和麦糠为原料，通过菌种接种、厌氧酸化，两次堆放腐化制得有机肥。生物处理法都是将黑液通过生物技术制成有机肥或复合肥还田，既消除了黑液污染，又实现了综合利用废弃物的循环经济发展模式。但该技术存在处理时间长，所制成的肥料质量和肥效不佳等缺陷，只能适用于小型生产规模的企业，不适用于大中型秸秆制浆生产的黑液处理。

7.1.6.3 亚铵法高硬度浆制浆黑液的处理技术

近几年，我国开发出新型亚铵法制浆工艺及其制浆黑液生产有机肥的集成技术。对含磺化木素及含钾硫元素化合物的制浆黑液经养分调整和蒸发浓缩，生产适应不同农作物品种的多种高效黄腐酸肥料。该类型肥料的黄腐酸含量超过30%，有机质含量超过40%，具有显著的沃土增产、修复土壤的效果。

这一黑液处理技术基于秸秆亚铵法蒸煮工艺，生产高硬度浆。在提高粗浆得率（60%以上）的同时改善纸浆过滤特性，增加黑液提取率。黑液经蒸发浓缩，加入活性菌种进行生化处理，加入有机辅料（木质素及腐殖酸）和无机辅料（N、P、K 元素等），最终获得黄腐酸肥料。

利用秸秆亚铵法制浆黑液生产黄腐酸肥料，既能解决秸秆制浆黑液治理问题，又为农业提供了新型高效有机肥，为实现造纸工业与农业的有机链接和良性循环创造了条件。该技术已成功在山东泉林纸业公司实施，目前已有商业黄腐酸肥料销售，值得进一步优化推广。

7.1.7 农业秸秆制浆造纸推荐技术

陈克复等人提出目前中国农业秸秆制浆造纸的最佳技术体系，中国农业秸秆制浆造纸推荐技术如图7-2所示，在选择立式连蒸+疏解的亚铵法制浆技术基础上，利用秸秆制浆黑液生产黄腐酸肥料还田，实现循环经济模式。

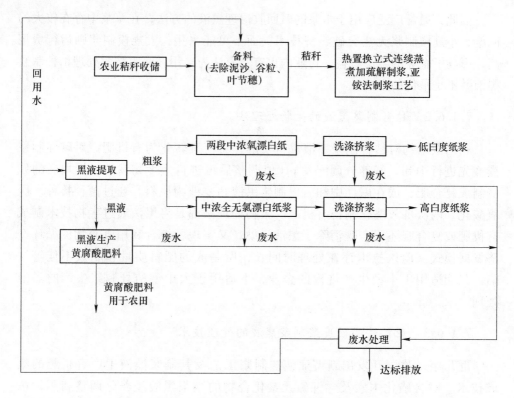

图 7-2　中国农业秸秆制浆造纸推荐技术

7.2　秸秆建材化利用技术

我国每年建筑体量巨大，每年新增建筑 20 亿平方米以上，而我国每年产生的秸秆量也非常巨大。随着绿色和环保理念的兴起，以及工艺技术水平的逐渐成熟，秸秆建筑材料开始受到人们的重视。促进秸秆在建筑领域的充分应用，特别是在农村建筑的应用，不仅具有良好的生态环保效应，而且可以就地取材，减少可再生资源浪费的同时，形成相应产业，促进农村产业的发展，增加农民收入，形成良性发展的循环产业链，具有积极意义。

7.2.1　秸秆建筑材料的物理特性

我国秸秆的种类主要有水稻秸秆、小麦秸秆、玉米秸秆和棉花秆，其中玉米秸秆产量最多。几种主要农作物秸秆同常用树种成材的成分对比见表 7-2。影响板材性能主要因素为纤维素、木质素和戊聚糖的含量上，农作物秸秆与木材的含量基本相似，尤其是麦秸和蔗渣的纤维素含量非常接近于木材。因此，从理论上说，农作物秸秆是适宜代替木板用作建筑原料的。

表 7-2　几种主要农作物秸秆同常用树种成材的成分对比

原料	灰分/%	热水抽取物/%	1%NaOH 抽取物/%	木质素/%	纤维素/%	戊聚糖/%
麦秸	6.04	23.15	44.56	22.31	40.4	25.56
稻草	15.5	28.5	47.7	14.05	36.2	18.06
玉米秆	4.66	20.4	45.62	18.38	37.68	21.58
高粱秆	4.76	13.88	25.12	22.52	3970	44.4
蔗渣	3.66	15.88	26.26	19.3	42.16	23.51
马尾松	0.33	6.77	22.87	28.42	51.86	8.54
云杉	0.31	2.35	10.68	29.12	48.45	11.45
桦木	0.82	2.36	21.2	23.91	53.43	25.9
杨木	0.32	3.46	15.61	17.1	43.24	22.61

7.2.2　秸秆建材的特点与优势

7.2.2.1　隔热隔音和节能

秸秆是天然隔热功能材料理想的原材料之一。秸秆板材的导热系数只有 $0.067W/(m \cdot K)$，比如规格 200mm 厚的秸秆墙板，其保温系数是 370mm 黏土砖墙的 4 倍。由于秸秆材料的高隔热性能，使用秸秆材料的建筑每年可大大降低使用过程中的建筑能耗。有研究表明，在环境影响方面，与传统砖混结构房屋相比，使用秸秆材料的建筑总固有能耗改善了 1/3，灰色能耗改善了 3/4，二氧化碳足迹改善了 2/3，供热需求降低了 1/2，制冷需求减少了 1/4。用秸秆制作的隔墙板材自身具有一定的厚度，秸秆内部疏松多孔，声波衰减较大，隔音效果比较好，并且秸秆砖相比传统的黏土砖密度小，故在一定程度上吸收声音的能力大于传统的黏土砖。此外，秸秆建材在生产和运输过程中的能耗也比传统建材低很多。

7.2.2.2　抗震防火性能好

由于秸秆建材密度低，再加上纤维多、静曲强度高、抗冻融性好及平面垂直抗拉强度较大等物理性质，由秸秆建材建成的建筑物可在很大程度上降低其在地震中所受到的损害。这是由于在地震发生时轻质的秸秆具有良好的弹性和延性，其建筑随冲击波的作用而摆动时，不易发生建材碎裂破坏或建筑物倒塌现象。秸秆本身极易燃烧，但是经过密度压实之后，在其处于室内的面层用泥土抹灰，室外的面层用石灰抹灰之后，其防火等级可达到 F90（抗燃烧 90min），属于防火性能良好的建筑材料。

7.2.2.3　环保、含有害物质少

每年我国秸秆产量约7亿吨，特别是在我国黄海、淮海和长江中下游水稻、小麦秸秆高产地区。秸秆是一种可再生资源，原料来源非常丰富，且不受地域限制，从而有效降低秸秆建材的生产成本。一旦秸秆建筑发生解体，秸秆可以轻易地从其他建筑材料中剥离出来，自行消化，可以说秸秆材料对环境没有负面影响。而且在能耗、温室气体排放等方面，秸秆材料的环保性也远优于砖混结构。

此外，目前流行的建材普遍含有甲醛、苯等有害物质。秸秆本身不含任何有毒有害物质，在生产过程中除了添加少量胶黏剂几乎不含任何人工合成的化学成分。若研发无胶黏剂建材则可做到完全无害化。这也是秸秆建材商业销售的最主要卖点之一。再加上秸秆建材施工采用的是干式作业，全过程噪声、渣土、灰尘污染少。因此，秸秆建材既可以解决森林资源锐减、秸秆焚烧污染等环境问题，又能提供环保的建筑用材，是一种绿色环保的建筑材料。

7.2.2.4　施工便捷，可标准化定型

秸秆建材产品的应用领域十分广泛，可用于生产隔板、装饰板、保温墙体、防水板、砖体、吊顶、地板甚至结构承重墙体等多种建筑构件。同时，秸秆建材容易做到标准化设计、生产和施工。通过这些标准模块，房屋体系的平面及空间自由搭建，间隔墙拆装灵活，可按需改变房间数量、大小及功能。此外，还有一个很重要的好处，标准化定型模块后可大大缩短工期。通过构件的标准化，可以使得秸秆建材加工制作工业化，从而降低生产成本。

7.2.3　秸秆建材的发展瓶颈

7.2.3.1　秸秆建材的性能有待提高

目前秸秆墙体强度很难达到承重体系的要求，多应用于非承重体系。同时，以往对于提高秸秆建材性能的研究多集中在秸秆形态（长度、长径比等）、秸秆处理、胶黏剂上。而脲醛树脂（UF）、酚醛树脂（PF）和异氰酸酯（MDI）等都不是理想的胶黏剂。此外，以农业秸秆为原材料加工制成的建筑各类构件的耐久性问题，目前尚未得到系统研究，而这可能导致市场认可度降低。

7.2.3.2　秸秆收储体系还未构建

由于秸秆是一年生植物原料，季节性强，其收集、运输和贮存问题突出。而且目前采用收割机割断麦秆，出现了留在地里的秆茬越来越高，所收割的麦秸又碎又短，存在质量差的现象；现在秸秆在收购过程中主要是人工打包，采用小型动力拖拉机运输，整个过程不够规范且人工费高；秸秆贮存需要防霉和防火，贮

藏成本高。对此，必须研发配套的秸秆收储专用机械和液压打包机械，提高秸秆的收集和运输效率；可以考虑建立"划分收储、集中转运、规模利用"的秸秆收储体系，并构建"企业+乡镇收储中心+村级收集点+农户"四位一体的收储运营机制。

7.2.3.3 缺乏产品的标准体系

目前对秸秆建材产品的性能评价标准体系还未完全建立，这一定程度上阻碍了秸秆建材的发展。此外，还需开发和建立与秸秆建材相对应的建筑理论，目前以混凝土为基础的建筑已有相当完善的建造理论，施工建造有据可依，而对于秸秆建材部分还处于空白。我国实施的《建筑用秸秆植物板材》（GB/T 27796—2011），对水泥作为胶凝材料的秸秆建材进行规定。该标准适用于以硫铝酸盐水泥、改性镁质胶凝材料、通用硅酸盐水泥为胶凝材料，以中低碱玻璃纤维或耐碱玻璃纤维为增强材料，加入粉碎农作物秸秆、稻壳或木屑（植物纤维质量分数应不小于10%），为填料生产的工业与民用建筑的非承重墙板。《麦（稻）秸秆刨花板》（GB/T 21723—2008）适用于用麦（稻）秸秆为原料，以异氰酸酯树脂为粘胶剂制成的麦（稻）秸秆刨花板，不适用于以脲醛树脂为粘胶剂的刨花板，产品主要用于干燥条件的室内装修、家具制作和包装等。林业行业标准《定向结构麦秸板》（LY/T 2141—2013），适用于由规定形状麦秸施胶后定向铺装压制成的多层定向结构麦秸板。此外，我国也启动了《植物纤维水泥复合板标准》《秸秆复合墙板》等建材行业标准的编制。随着各类型产品的标准体系逐渐建立，将有力推动生物质建材的规范发展。

7.2.4 秸秆墙板的种类

目前，利用可再生秸秆制造墙体的主要种类，包括有植物纤维水泥板、秸秆镁质水泥板、秸秆草砖墙、秸秆人造板、秸秆纸面草板等。

7.2.4.1 植物纤维水泥复合板

植物纤维水泥复合板的主要原料是植物纤维、胶结料和添加剂，植物纤维水泥复合板生产工艺如图7-3所示。植物纤维水泥复合板分为两种，一种是将秸秆纤维直接掺入混凝土中成型；另外一种是混凝土砌块，中间孔填充压实的秸秆压缩块。其中，植物纤维起到增强作用，一般采用一年生植物纤维（如农作物秸秆）作增强材料，在使用过程中无有害物质产生。胶结料选用硅酸盐水泥，板中则是基体材料。添加剂由无机材料组成，用于板制作过程中抑制植物纤维萃取物对水泥阻凝的影响。植物纤维水泥复合板存在强度不足等问题和缺陷。

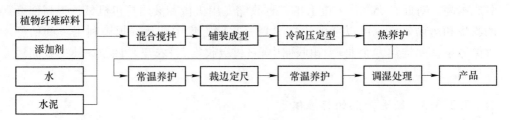

图 7-3　植物纤维水泥复合板生产工艺

7.2.4.2　秸秆镁质水泥板

镁质水泥是低碱水泥，减少了对秸秆纤维的腐蚀，硬化速度快，因此，秸秆镁质水泥板成为利用秸秆的研究重点。秸秆镁质复合墙板可大比例地使用秸秆粉生产复合墙板，该墙板质轻、保温性能优异，形成的建筑具有低碳、节能、节省人工等特点。大量添加秸秆纤维的镁质水泥板已经得到商业化应用，并形成建筑体系，可以作为非承重墙体应用于高层建筑。秸秆镁质水泥板容易潮解失去强度，且出现反卤现象，因此，耐水性的问题一直是此类板材需要着力解决的问题，必须仔细控制。典型秸秆镁质水泥板生产工艺流程如图 7-4 所示。

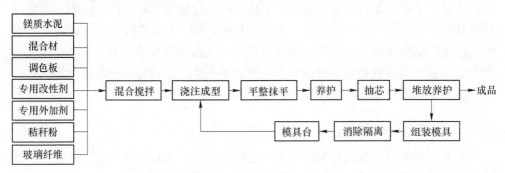

图 7-4　典型秸秆镁质水泥板生产工艺流程

7.2.4.3　秸秆草砖墙体

秸秆草砖是将秸秆用于建筑的重要方式，是将水稻、小麦等秸秆经草砖机成型为大型砌块作为建筑墙体。秸秆草砖主要由秸秆打捆机加压而成，其通常是长方形，用细绳捆扎 2~3 道，形状规则且密实。有研究结果表明竖向放置时，草砖的抗压性能最好且变形最小，可作为承重草砖使用。由于秸秆草砖能够大量利用可再生资源，节能性能突出，环保无污染，受到很多国家重视。秸秆草砖房屋可大量利用农业废弃物，便于就地取材，尤其适合农村建筑。但由于不便于运输，因此受地域限制较多。另外，由于秸秆草砖本身局限，使墙体太厚，不利于节省用地面积，仅限于两层以下房屋。秸秆草砖在我国的建设中还存在一些问题，如传统草砖房砌筑易受潮腐烂、框架式结构冬季砖柱和圈梁易结露、砌筑垂直度不好控制、开冻造成的墙体变形等，影响其使用寿命。

7.2.4.4　秸秆人造板材

秸秆人造板材是另一种利用作物秸秆的重要方式，可用于建筑装饰或建筑结构。秸秆人造材是以农作物秸秆为主要原料，综合物理、化学、机械、液压等加工技术原理，利用高压模压机械设备，将经过特殊处理后的秸秆纤维与树胶混合物在金属模具中加压成型，制成各种密度的高质量纤维板材，再在其表面加压和化学处理，可用于制作装饰板材和一次成型家具。这种板材制品具有高强度、耐腐蚀、不变形、不开裂、防火阻烧、美观大方及价格低廉等优点。

秸秆人造板可分为秸秆定向板、秸秆刨花板和秸秆纤维板。秸秆纤维板是采用热磨的方法将秸秆分离成纤维，施加脲醛树脂或酚醛树脂后经热压而成的一种产品。秸秆纤维板的优势是解决了因使用异氰酸脂胶黏剂而导致成本增大的问题。但热磨工艺较为复杂，应用不多，以下只简述秸秆定向板和秸秆刨花板的生产工艺。

A　秸秆定向板与集成工艺

秸秆定向板以麦秸或稻秸为原料，采用类似于木质定向板的生产方法，先将原料加工成一定规格长度的秸秆段，然后定向铺装并经热压制成结构性板材，主要采用集成工艺生产。所谓集成工艺，就是不使用胶黏剂生产板材的一种方法。集成工艺没有施胶工序，脱模也相对简单，生产更为简便，成本更为低廉。然而这种板材的力学性能不及使用胶黏剂的板材，因此较少应用。

B　秸秆刨花板与碎料工艺

秸秆刨花板是将秸秆原料经切断粉碎、干燥分选后，经施加胶黏剂、铺装预压、热压、后处理和砂光等工序制备而成。所谓碎料工艺，是指生产秸秆板材前，先将秸秆粉碎成细长颗粒、再运用热压成型形成板材的生产工艺。主要流程：先对秸秆进行预处理，处理后的秸秆被放入模具，并加入胶黏剂，在一定温度下压制成型，脱模后经一定表面处理成为成品。秸秆表面含有蜡质和大量的硅元素会影响秸秆和胶黏剂的粘结，主要预处理方式包括酸液处理法、碱液处理法、机械处理法、水热（蒸煮）处理法、蒸汽处理法、微波处理法和生物（酶）处理法等。主要胶黏剂是脲醛树脂（UF）、酚醛树脂（PF）和异氰酸酯（MDI）及其衍生品，其中MDI胶黏性最好，PF生产的产品比UF生产的产品有更好的体积稳定性。碎料工艺生产秸秆板材运用的主要是热压成型工艺。在成型过程中，压制温度和压制时间是影响产品质量的主要因素，普遍的热压工艺分为压缩、成型和回火处理三个阶段。

7.2.4.5 秸秆纸面草板

秸秆纸面草板是以水稻、小麦等秸秆为原料，在高温条件下通过热挤压而使自身黏接，外表面粘贴护面纸制成的环保板材，可在住宅、办公楼、宾馆饭店、活动房、农业大棚等各种建筑的新建或旧房改造中应用。纸面草板与其他类型利用秸秆的墙体比较，最大的特点是高温高压下成型，不添加化学粘接物质，依靠本身高温高压分泌的脂质黏接，具有零污染的特点；与秸秆草砖类似，不需要对秸秆进行加工，因此，对秸秆的利用率高，同时保存了秸秆本身具有的优秀特征。

7.3 秸秆生产一次性餐具技术

中国一次性餐具年消费量超过百亿只。秸秆一次性餐具具有成本低廉、性能好、无污染等优越性能，以及很好的环境效益、非常广阔的市场空间。一次性秸秆餐具是利用废弃农作物秸秆，如麦秸、稻草、稻谷壳、玉米秸秆、花生壳、棉花秆、蔗渣等，将这些纯天然植物纤维粉碎成粒度合适的粉状物料后，添加符合食品包装卫生标准的安全无毒成形剂，经特定工艺和成型方法制造的可完全降解的各种盘、碗、口杯、筷子等绿色环保产品。秸秆生产一次性餐具典型技术工艺流程如图7-5所示。这种餐饮具制品具有卫生、无毒、无污染、防水、耐油、耐温、强度高、不变形等优点，使用后可自行分解，也可作饲料或肥料，产品符合国家环保卫生要求。在国内市场，各类型纸浆模塑餐饮具已经开始售卖。

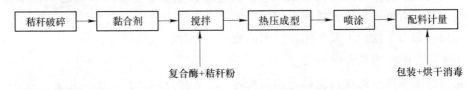

图7-5 秸秆生产一次性餐具典型工艺流程

8 生物质热化学转化技术

8.1 生物质热化学转化概念

生物质热化学转化技术是指通过热化学转化过程，将生物质最大限度地转化为燃料、化工原料或放出热能的综合技术。根据热化学转化过程的工况等条件不同，又可分为燃烧技术和热解技术。

生物质燃烧是指生物质中的可燃成分与氧化剂（一般为空气）发生放热发光的化合反应，产生大量的热能，将产生的热量回收并用于发电、加热水或产生蒸汽，就近利用。焚烧的产物主要是二氧化碳和水。

生物质热解是指生物质在无氧或缺氧条件下热分解，最终生成木炭、生物油和不可冷凝气体的过程。三种产物的比例取决于热解原料、工艺类型和反应条件。一般地，低温低速热解温度不超过 500℃，产物以木炭为主，也称为热解碳化技术；高温快速热解温度范围为 700~1100℃，产物以不可冷凝的燃气为主，也称为热解气化技术；中温闪速热解温度为 500~650℃，在产物中燃料油产率较高，可达到 60%~80%，称为热解液化技术。

8.2 生物质燃烧原理

8.2.1 燃烧热力学

生物质的燃烧实际上是生物质中碳、氢、硫、氮及其化合物的反应与燃烧。因氧气不属于可燃成分，大部分氮元素以 N_2 的形式析出，有的生物质含硫量极低或不含硫，所以生物质焚烧主要就是 C、H 元素的化学反应与燃烧反应。生物质燃烧时，生物质中的 C、H 元素可能发生的化学反应及其反应热见表 8-1。

表 8-1 生物质中 C、H 元素的化学反应及其反应热

C(s)	$\Delta H/\text{kg} \cdot \text{mol}^{-1}$	$H_2(g)$	$\Delta H/\text{kg} \cdot \text{mol}^{-1}$
$C + O_2 = CO_2$	-408.177	$C + 2H_2 = CH_4$	-752.400
$2C + O_2 = 2CO$	-246.034	$2H_2 + O_2 = 2H_2O(g)$	-482.296
$2CO + O_2 = 2CO_2$	-570.320	$CO + 3H_2 = CH_4 + H_2O$	-2035.66
$CO_2 + C = 2CO$	+162.142	$CH_4 + 2O_2 = CO_2 + 2H_2O(g)$	-801.533
$C + H_2O(g) = CO + H_2$	+118.628		

C(s)	$\Delta H/\mathrm{kg \cdot mol^{-1}}$	$H_2(g)$	$\Delta H/\mathrm{kg \cdot mol^{-1}}$
$CO + H_2O(g) = CO_2 + H_2$	-43.514		
$C + 2H_2O(g) = CO_2 + 2H_2$	+75.114		
$C + 2H_2 = CH_4$	-752.400		

8.2.2　生物质燃烧反应动力学

生物质燃烧反应是生物质中的可燃成分与氧化剂（一般为空气中的氧）之间进行的气固多相反应。因此，有必要了解一下异相化学反应动力学的基本知识。

8.2.2.1　异相化学反应速度

固态燃料在空气中的燃烧属异相扩散燃烧（非均相燃烧）。在这种燃烧中，首先要使氧气达到固体表面，在固体和氧气之间的界面上发生异相化学反应，化合形成的反应产物再离开固体表面扩散逸向远处。

氧从远处扩散到固体表面的流量为：

$$\dot{m}_w'' = \alpha_D (C_{0\infty} - C_{0w}) \tag{8-1}$$

式中　α_D——质量交换系数；

　　　$C_{0\infty}$——远处的氧浓度；

　　　C_{0w}——固体表面的氧浓度。

氧扩散到固体燃料表面，就与其发生化学反应。化学反应速度与表面氧浓度有关系。化学反应速度可用消耗掉的氧量来表示：

$$\dot{m}_w'' = kC_{0w} = k_0 \exp\left(-\frac{E}{RT}\right) \tag{8-2}$$

$$\dot{m}_w'' = \frac{C_{0\infty} - C_{0w}}{\dfrac{1}{\alpha_D}} = \frac{C_{0w}}{\dfrac{1}{k}} = \frac{C_{0\infty}}{\dfrac{1}{\alpha_D} + \dfrac{1}{k}} \tag{8-3}$$

其中，化学反应常数 k 服从于阿伦尼乌斯定律，当温度上升时，k 急剧增大。另一方面，α_D 与温度 T 的关系十分微弱，可近似认为与温度无关。因此，如果把上式表示在 $\dot{m}_w'' - T$ 坐标上，可得到图 8-1 所示的曲线。由图可见整个反应速度曲线分为化学动力学控制区、扩散控制区和过渡区。

（1）化学动力学控制区：当温度 T 较低时，k 很小，$\dfrac{1}{k} \gg \dfrac{1}{\alpha_D}$，式（8-3）中

可以忽略掉 $\dfrac{1}{\alpha_D}$，因而：

$$\dot{m}''_w = kC_{0\infty} \tag{8-4}$$

此时燃烧速度取决于化学反应，固体表面上的化学反应很慢，氧从远处扩散到固体表面后消耗的不多，所以固体表面上的氧浓度 C_{0w} 几乎等于远处的氧浓度 $C_{0\infty}$。

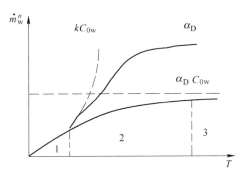

图 8-1　扩散动力燃烧的分区

1—动力区（化学动力学控制）；2—过渡区；3—扩散区

（2）扩散控制区：当温度 T 很高时，k 很小，$\dfrac{1}{k} \ll \dfrac{1}{\alpha_D}$，式（8-3）中可以忽略掉 $\dfrac{1}{k}$，因而：

$$\dot{m}''_w = \alpha_D C_{0\infty} \tag{8-5}$$

（3）过渡区：α_D 与 k 大小差异不大，不偏从于哪一个，因而不能忽略任何系数，需采用下式计算：

$$\dot{m}''_w = \dfrac{C_{0\infty}}{\dfrac{1}{\alpha_D} + \dfrac{1}{k}} \tag{8-6}$$

当温度比较低时，温度提高可以加快燃烧速度；当温度较高时，燃烧速度的关键在于提高固体表面的质量交换系数 α_D。

以上所讲的既反映了异相化学反应中化学反应与扩散的综合反应机理，也反映了固体燃烧过程的基本规律。但是实际燃烧过程还包括许多更为复杂的环节与因素，牵涉多种化学反应。可以说固体燃料的燃烧还是一个新的研究领域，很多变化参数的影响实际上还未探索。

8.2.2.2　生物质的燃烧过程

生物质中含碳量少，水分含量大，使得其发热量低，如秸秆类的收到基发热量为 12000~15500kJ/kg；含氢较多，一般为 4%~5%，生物质中的碳多数为与氢结合成较低相对分子质量的碳氢化合物，易挥发，燃点低，故生物质燃料易引燃；燃烧初期，挥发分析出量大，要求有大量的空气才能完全燃烧，否则会冒黑烟。由于生物质燃料的这些特点，使得生物质的燃烧与煤的燃烧一样也经历预热干燥阶段、热分解阶段（挥发分析出）、挥发分燃烧阶段、固定碳燃烧和燃尽阶段，但其燃烧过程有一些特点。

A　预热干燥阶段

在该阶段，生物质被加热，温度逐渐升高。当温度达到 100℃ 左右时，生物质表面和生物质颗粒缝隙的水被逐渐蒸发出来，生物质被干燥。生物质的水分越多，干燥所消耗的热量也越多。

B　热分解阶段

生物质继续被加热，温度继续升高，到达一定温度时便开始析出挥发分，这个过程实际上是一个热分解反应。生物质热分解动力学表达式为：

$$\frac{\mathrm{d}\alpha}{\mathrm{d}t} = k_0 \mathrm{e}^{-\frac{E_\alpha}{RT}} (1 - \alpha)^n \tag{8-7}$$

式中　$\dfrac{\mathrm{d}\alpha}{\mathrm{d}t}$——热分解速率；

　　　α——燃烧质量变化率；

　　　n——反应级数。

关于反应级数 n 与生物质本身的组成、热分解时的升温速率、温度、颗粒的粒度等有着密切的关系。一般认为，生物质燃烧时的热分解是一级反应，即 $n = 1$，析出挥发分的速度随着时间的增加按指数函数规律递减。起初析出速度很快，较迅速地析出挥发分的 70%~90%，但最后的 10%~30% 要经较长的时间才能完全析出。

C　挥发分燃烧阶段

随着温度继续提高，挥发分与氧的化学反应速度加快。当温度升高到一定温度时，挥发分就燃烧起来——着火。此温度称生物质的着火温度。由于挥发分的成分较复杂，其燃烧反应也很复杂，几种主要可燃气体与空气混合物在大气压力下的着火温度见表 8-2。

表 8-2　可燃气体与空气混合物在大气压力下的着火温度

可燃气体	分子式	着火温度/℃	可燃气体	分子式	着火温度/℃
氢气	H_2	530~590	乙烯	C_2H_4	540~550
一氧化碳	CO	610~658	丙烯	C_3H_6	445
甲烷	CH_4	645~790	丁烯	C_4H_8	445~500
乙烷	C_2H_6	530~594	乙炔	C_2H_2	335~500
丙烷	C_3H_8	510~588	硫化氢	H_2S	290~487
丁烷	C_4H_{10}	441~569	苯	C_6H_6	580~740

当挥发分中的可燃气体着火燃烧后，释放出大量的热能，使得气体不断向上流动，边流动边反应形成扩散式火焰。例如平时看到木质类物质燃烧时的火焰（火苗）就是挥发分的燃烧所形成的。在这扩散火焰中，由于空气与可燃气体混合比例的不同，因而形成各层温度不同的火焰。比例恰当的，燃烧就好，温度高；比例不恰当的，燃烧不好，温度就低，所以过大、过小的比例，即进入燃烧室的空气过多或过少都会造成火熄灭。

　　挥发分中的可燃气体的燃烧反应速度取决于反应物的浓度和温度。如前所述，高温时，速度常数 k 大，挥发分析出的速度快，氧和可燃气体的浓度高，燃烧反应速度高；反之，燃烧反应速度较低。相对于整个生物质的燃烧而言，挥发分的燃烧速度很快，从挥发分析出到挥发分基本燃烧完所用的时间约占生物质全部燃烧时间的 10%~20%。

　　当生物质表面燃烧所放出的热能逐渐积聚，通过传导和辐射向生物质内层扩散，从而使内层生物质也被加热，挥发分析出，继续与氧混合燃烧，并放出大量的热量，使得挥发分与生物质中剩下的焦炭的温度进一步升高，直到燃烧产生的热量与火焰向周围传递的热量形成平衡。

　　D　固定碳燃烧阶段

　　生物质中剩下的固定碳在挥发分燃烧初期被包围着，氧气不能接触碳的表面，经过一段时间以后，挥发分的燃烧快要终了时，一旦氧气接触到炽热的木炭就可发生燃烧反应。

　　a　碳与氧的反应（氧化反应）

　　碳的燃烧理论上可按下列两种反应进行：

$$C + O_2 == CO_2 \qquad \Delta H = -408.177kJ/mol \qquad (8-8)$$
$$2C + O_2 == 2CO \qquad \Delta H = -246.034kJ/mol \qquad (8-9)$$

　　式（8-8）和式（8-9）只是表示整个化学反应的物料平衡和热平衡。而实际上在高温下，当氧与炽热碳表面接触时，一氧化碳与二氧化碳同时产生，基本上按下列两式反应：

$$4C + 3O_2 == 2CO_2 + 2CO \qquad (8-10)$$
$$3C + 2O_2 == CO_2 + 2CO \qquad (8-11)$$

　　这两个反应是碳与氧燃烧过程的初次反应，是碳与氧首先生成中间碳氧络合物（C_3O_4），中间络合物再变化生成 CO_2、CO，即：

　　络合：　　　　　　$3C + 2O_2 == C_3O_4$ 　　　　　　　　　　　（8-12）

　　离解：　　　　　$C_3O_4 + C + O_2 == 2CO + 2CO_2$ 　　　　　　（8-13）

　　燃烧反应是由氧被吸附到固体碳表面、络合、在氧分子的撞击下离解等诸环节串联而成。

　　温度略低于 1300℃ 时，吸附环节的速度常数很大，不是控制反应速度步骤可忽略不计。于是表面上的氧消耗速度（即燃烧速度）为络合和离解速度所控制，当表面上的氧浓度 C_b 很小时（如空气中燃烧），为一级反应，反应速度取决于频率不很高的氧分子撞击而引起的离解的速度；当表面上的氧浓度 C_b 很大时（如纯氧中燃烧），为零级反应，反应速度取决于较慢的络合速度。

温度高于 $1600℃$ 时，碳氧络合物（C_3O_4）不待氧分子撞击而自行热分解，这种热分解是零级反应。

$$C_3O_4 =\!\!=\!\!= 2CO + CO_2 \tag{8-14}$$

此时的吸附最困难，且它是一个与表面氧浓度成正比的一级反应，即碳与氧的反应机理是由化学吸附所引起的。随着温度 T 升高，吸附速度增快。

所以碳燃烧所产生的 CO_2、CO 量的多少由温度的高低和空气供给量的多少而定，$900\sim1200℃$ 时主要按式（8-10）进行反应，在 $1450℃$ 以上时，则按式（8-11）反应。

碳与氧燃烧过程的初次反应所产生的 CO_2、CO 又可能与碳和氧进一步发生二次化学反应，它们是碳的异相气化反应式（8-15）以及在气相中进行的燃烧反应式（8-16）。

$$C + CO_2 =\!\!=\!\!= 2CO \qquad \Delta H = + 162.142kJ/mol \tag{8-15}$$
$$2C + O_2 =\!\!=\!\!= 2CO_2 \qquad \Delta H = - 570.320kJ/mol \tag{8-16}$$

在燃烧过程中，式（8-10）、式（8-11）、式（8-15）和式（8-16）同时交叉和平行进行。其中碳和二氧化碳的反应，又称气化反应或二氧化碳的还原反应，是一个吸热反应。在该反应进程中，二氧化碳首先吸附到碳晶体表面，形成络合物，然后络合物分解，最后再由一氧化碳解吸逸走。络合物的分解反应可能是自动进行的，也可能是在二氧化碳分子的撞击下进行的。

当温度略大于 $700℃$，最薄弱的环节是碳氧络合物的自行分解，此反应是零级反应；当温度大于 $950℃$，最薄弱的环节是碳氧络合物受二氧化碳高能分子撞击下的分解，该反应为一级反应。温度更高时，最薄弱的环节又变成化学吸附，反应仍为一级。例如生物质气化过程中，碳和二氧化碳的反应为主要反应。在低温下（$800℃$ 以下）反应速度几乎为零。活化能很大，仅当温度超过 $800℃$ 时反应速度才很显著，且在温度很高时，其反应速度常数才超过碳的氧化反应速度常数。

b　碳和水蒸气的反应

燃烧过程中会有水蒸气生成，这在燃烧技术上经常存在（如生物质中的水分、分解产生的水分以及水蒸气气化剂），水蒸气向焦炭表面扩散，产生碳的气化，产生氢或甲烷气体，反应式如下：

$$C + 2H_2O \longrightarrow CO_2 + 2H_2 \qquad \Delta H = + 75.114kJ/mol \tag{8-17}$$
$$C + H_2O(g) \longrightarrow CO + 2H_2 \qquad \Delta H = + 118.628kJ/mol \tag{8-18}$$

$$C + 2H_2 \longrightarrow 2CH_4 \qquad \Delta H = -752.40kJ/mol \qquad (8\text{-}19)$$

碳与水蒸气的反应性质与上述的碳与二氧化碳的反应式（8-15）十分类似。但其活化能要大很多，所以要到温度很高时才会以显著的速度进行。但由于水蒸气的相对分子质量小于二氧化碳，其扩散速度比二氧化碳快很多，所以水蒸气对碳的气化比二氧化碳快，所以在燃烧室中有适量的水蒸气，可促进固定碳的燃烧。

E　燃烬阶段

固定碳含量高的生物质的碳燃烧时间较长，而且后期燃烧速度更慢，因此有时将焦炭燃烧的后段称燃烬阶段。随着焦炭的燃烧，不断产生灰分，把剩余的焦炭包裹，阻碍气体扩散，从而妨碍碳的继续燃烧，而且灰分还有消耗热量。这时适当人为地加以搅动或加强通风，都可加强剩余焦炭的燃烧，灰渣中残留的余炭也就产生在此阶段。

必须指出，上述各阶段并不是机械的串联进行的。实际上很多阶段是互有交叉的，而且不同燃烧在不同条件下，各阶段进行情况也有差异。

8.2.2.3　完全燃烧的条件

由以上生物质燃烧的分析可知，生物质的完全燃烧时，需要注意如下条件。

A　足够高的温度

足够高的温度以保证供应着火需要的热量，同时保证有效的燃烧速度。生物质的燃点约为250℃，其温度的提高由点火热供给。点火过程中热量逐渐积累，使更多的物料参与反应，温度也随之升高，当温度达到100℃时，生物质便能很好的燃烧了。

B　合适的空气量

若空气量太少，可燃成分不能充分燃烧，造成未完全燃烧损失；但若空气量过多，会降低燃烧室温度，影响完全燃烧的程度，此外会造成烟气量多，降低装置的热效率。具体供应空气量需要根据具体的燃料和燃烧装置进行计算，将在下一节详细叙述。

C　充裕的时间

燃料的燃烧具有一定的速度，因此要燃烧完全总是需要一定的时间，因此足够的反应时间是燃料完成燃烧的重要条件之一。

8.3　生物质热解原理

8.3.1　生物质热解热力学原理

在热裂解反应过程中，会发生一系列的化学变化和物理变化，前者包括一系列复杂的化学反应（一级、二级），后者包括热量传递和物质传递，即：

（1）从化学反应的角度对其进行分析，生物质在热解过程中发生了复杂的热化学反应，包括分子键断裂、异构化和小分子聚合等反应。木材、林业废弃物和农作物废弃物等的主要成分是纤维素、半纤维素和木质素。热重分析结果表明，纤维素在52℃时开始热解，随着温度的升高，热解反应速度加快，到350~370℃时，分解为低分子产物，其热解过程为：

$$(C_6H_{10}O_5)_n \longrightarrow nC_6H_{10}O_5 \tag{8-20}$$

$$C_6H_{10}O_5 \longrightarrow H_2O + 2CH_3—CO—CHO \tag{8-21}$$

$$CH_3—CO—CHO + H_2 \longrightarrow CH_3—CO—CH_2OH \tag{8-22}$$

$$CH_3—CO—CH_2OH + H_2 \longrightarrow CH_3—CHOH—CH_2 + H_2O \tag{8-23}$$

而半纤维素结构上带有支链，是木材中最不稳定的组分，在225~325℃分解，比纤维素更易热分解，其热解机理与纤维素相似。

（2）从物质迁移、能量传递的角度对其进行分析，在生物质热解过程中，热量首先传递到颗粒表面，再由表面传到颗粒内部。热解过程由外至内逐层进行，生物质颗粒被加热的成分迅速裂解成木炭和挥发分。其中，挥发分由可冷凝气体和不可冷凝气体组成，可冷凝气体经过快速冷凝可以得到生物油。一次裂解反应生成生物质炭、一次生物油和不可冷凝气体。在多孔隙生物质颗粒内部的挥发分将进一步裂解，形成不可冷凝气体和热稳定的二次生物油。同时，当挥发分气体离开生物颗粒时，还将穿越周围的气相组分，在这里进一步裂化分解，称为二次裂解反应。生物质热解过程最终形成生物油、不可冷凝气体和生物质。

总体而言，生物质热解是一个十分复杂的过程，主要可分为五部分：1）热传递以及生物质的内部升温；2）随着生物质的温度升高，开始洗出挥发分，形成焦炭，热解反应开始；3）析出挥发分，导致高温的挥发分和低温的未热解生物质间的热传递；4）可冷凝的挥发分冷凝成液体焦油；5）焦炭、生物质和液体焦油相互间由于自身催化而发生二次反应。生物质的热解可归结于纤维素、半纤维素和木炭的热解。生物质热解过程如图8-2所示。

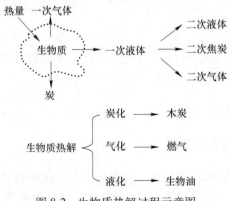

图 8-2　生物质热解过程示意图

根据热解过程的温度变化和生成产物的情况等，可以分为干燥阶段、预热解阶段、固体分解阶段和煅烧阶段。

（1）干燥阶段（温度为120~150℃）：生物质中的水分进行蒸发，物料的化学组成几乎不变。

（2）预热解阶段（温度为150~275℃）：物料的热反应比较明显，化学组成开始变化，生物质中的不稳定成分如半纤维素分解成二氧化碳、一氧化碳和少量醋酸等物质。（1）（2）两个阶段均为吸热反应阶段。

（3）固体分解阶段（温度为275~475℃）：热解的主要阶段，物料发生了各种复杂的物理、化学反应，产生大量的分解产物。生成的液体产物中含有醋酸、木焦油和甲醇（冷却时析出来）；气体产物中有 CO_2、CO、CH_4、H_2 等，可燃成分含量增加，这个阶段要放出大量的热。热解过程的液相产物见表8-3。

表8-3　热解过程的液相产物

产物类别	产　物
酸类	甲酸、乙酸、丙酸、苯甲酸等
酯类	甲酸甲酯、丙酸甲酯、丁内酯、丁酸甲酯、戊内酯等
醇类	甲醇、乙醇、异丁醇等
酮类	丙酮、2-丁酮、2-戊酮、2-环戊酮、己酮、环己酮等
醛类	甲醛、乙缩醛、2-乙烯醛、正戊醛、乙二醛等
酚类	苯酚、甲基苯等
烯烃类	2-甲基丙烯、二甲基环戊烯、α-蒎烯等
芳香化合物	苯、甲苯、二甲苯、菲、荧蒽等
氮化合物	氨、甲胺、吡啶、甲基吡啶等
呋喃系	呋喃、2-甲基呋喃、2-呋喃酮、糠醛、糠醇等
愈创木酚	4-甲基愈创木酚、丙基愈创木酚等
糖类	左旋葡萄糖、葡萄糖、果糖、木糖、树胶醛糖等
含氧化合物	羟基乙醛、羟基丙酮、二甲基缩醛等
无机化合物	Ca、Si、K、Fe、Al、Na、S、P、Mg、Ni、Cr、Zn、Li、Mn、Ba、V、Cl等

（4）煅烧阶段（温度为450~500℃）：生物质依靠外部供给的热量进行木炭的燃烧，使木炭中的挥发物质减少，固定碳含量增加，为放热阶段。实际上，上述四个阶段的界限难以明确划分，各阶段的反应过程会相互交叉进行。

8.3.2　生物质热解动力学原理

热重分析法只能记录固体生物质热失重过程中的质量变化，而无法记录热解过程中的能量变化。因此，差热分析法和差式量热扫描法也常与热重分析法联用，用于测试和分析样品在升温失重过程中的温度和热量变化。差热分析法是在程序控制温度下测量物质和参比物之间的温度差与温度或时间关系的技术。差式量热扫描法是在程序控制温度下，测量输入到试样和参比物中的能量差与温度或时间关系的一种技术。

Kou Fopanos 等人描述了生物质的热解反应。尽管从理论上讲生物质热解包括多种复杂的反应，会形成一个复杂的反应网；然而实际从试验得到的微商热重曲线比较简单，用相对简单的模型就可以描述。对于热重分析来说，试验过程中样品处在开放的系统，没有逆反应出现，因此可忽略逆反应。简单的反应动力学模型有 5 种反应模型，分别是简单反应模型、独立平行多反应模型、竞争反应模型、连续反应模型以及组合模型。

8.3.2.1 简单反应模型

简单反应模型是在生物质的非等温热解反应中经常用的热解动力学模型，其数学方程式如下：

$$\frac{\mathrm{d}\alpha}{\mathrm{d}t} = A\mathrm{e}^{-\frac{E}{RT}}(1-\alpha)^n \tag{8-24}$$

$$\alpha = \frac{m_0 - m}{m_0 - m_\infty} \tag{8-25}$$

式中　α——生物质的转化率；

　　t——时间，s；

　　A——指前因子，s^{-1}；

　　E——反应活化能，kJ/mol；

　　R——摩尔气体常数，$R=8.314\mathrm{J}/(\mathrm{mol}\cdot\mathrm{K})$；

　　T——反应温度，K；

　　n——反应级数，$n=0，0.5，1，2，\cdots$；

　　m——生物样品初始质量，kg；

　　m_0——生物样品 t 时刻质量，kg；

　　m_∞——生物样品最终剩余质量，kg。

对于固体有机物的热降解，一级反应（$n=1$）是最适合可行的反应机理，二级反应在固体样品内部被阻止。但是这种反应模型假设表面反应高于样品内部的反应，因此需要做一些物理或化学的特别假设。需要注意的是挥发分的热降解并不会阻碍木质纤维素生物质的热解速率，因此生物质样品的热解产物并不会抑止生物质样品的裂解。简单反应模型可较好地预报生物质在热解过程中的失重过程，被众多研究者广为应用，但是该模型不能给出生物质热解过程中焦油和气体产物的比例。

8.3.2.2 独立平行多反应模型

如果样品中含有两种以上化学组分，并且各种组分在热解过程中独立降解，并没有相互作用，因此，对各种组分 i 可以定义相互独立的转化率 α_i 其动力学方程如下：

$$\frac{\mathrm{d}\alpha_i}{\mathrm{d}t} = A_i \mathrm{e}^{-\frac{E_i}{RT}} (1 - \alpha_i)^{n_i} \tag{8-26}$$

那么，总的热解动力学方程可写为：

$$-\frac{\mathrm{d}m}{\mathrm{d}t} = \sum c_i \frac{\mathrm{d}\alpha_i}{\mathrm{d}t} \tag{8-27}$$

式中 c_i——组分 i 在生物质热解过程所释放挥发物所占的相对质量。

Manya 等人在研究甘蔗渣和木屑的热解时，认为生物质的主要组分半纤维素、纤维素和木质素进行独立的热解反应，而生物质热解特性为 3 种主要组分热解的叠加。此外，这种模型也可用于单组分样品在有催化剂条件下的热解，前提是假设样品一部分与催化剂接触并有催化效应，而一部分不与催化剂接触，需利用独立的方程去描述纯样品部分的热解和与催化剂接触部分的热解。

8.3.2.3 竞争反应模型

如果生物质样品以两种或多种方式相互竞争反应降解，它的热解动力学可描述为：

$$\frac{\mathrm{d}\alpha}{\mathrm{d}t} = \sum A_i \mathrm{e}^{-\frac{E_i}{RT}} (1 - \alpha_i)^{n_i} \tag{8-28}$$

式中 A_i，E_i，n_i——第 i 个分反应的动力学参数。

值得注意的是，不同的分反应焦炭的产量是不同的，因此反应率 α 与生物质的质量 m 的关系比单一反应复杂得多，公式（8-28）可以改写为：

$$\frac{\mathrm{d}\alpha}{\mathrm{d}t} = \sum c_i A_i \mathrm{e}^{\frac{E_i}{RT}} (1 - \alpha_i)^{n_i} \tag{8-29}$$

Blasi 等人认为生物质的热解分为两级反应，一级反应中焦炭、气体产物的形成与焦油的产生形成竞争。

8.3.2.4 连续反应模型

对于连续反应，反应率 α_i 不能准确地描述中间产物的量，因此引入变量 m_i 表示参与反应的物质占原生物质的质量。如果假设 c_i 是 i 类物质在热解过程中释放的挥发分对原生物质样品热解释放的总挥发分的贡献，生物质热解的总失重速率为：

$$\frac{\mathrm{d}n}{\mathrm{d}t} = \sum c_i \frac{\mathrm{d}n_i}{\mathrm{d}t} \tag{8-30}$$

$$\frac{\mathrm{d}n_i}{\mathrm{d}t} = A\mathrm{e}^{-\frac{E_i}{RT}} m_i^{n_i} \tag{8-31}$$

$$\frac{\mathrm{d}n_i}{\mathrm{d}t} = (1 - c_{i-1}) \frac{\mathrm{d}n_{i-1}}{\mathrm{d}t} - A_i\mathrm{e}^{-\frac{E_i}{RT}} m_i^{n_i}, \quad i = 2, 3, \cdots \tag{8-32}$$

Koufopanos 等人认为生物质热解的一次反应和二次反应是连续的，并用连续反应模型描述了生物质的热解动力学。

8.3.2.5　组模型

组模型指在各种生物质样品热解的动力学计算和模拟中，以上任何两种或多种模型的组合。在现在的生物质热解的动力学计算中，仅有独立平行反应模型和连续模型的联用是必须的。Koufopanos 等人提出了连续和竞争反应模型，用表观动力学方程来描述生物质的一次热解反应和二次热解反应。

鉴于生物质裂解的复杂性和生物质样品的多样性，不可能建立一个广泛使用的生物质裂解模型。为了简化起见，纤维素作为生物质样品的主要组分生物质的代表，被许多研究者作为首选研究象，对其热解特性进行了大量的研究。即使是比较好的纤维素热解模型，当被直接用于模拟天然生物质的热解时仍然会遇到许多问题，因此产生各种不同的生物质热解模型。但是这些动力学模型都忽略了生物质内部的相互反应，如焦炭与一次反应产物间的气化反应等，特别在高温（800℃）条件下，焦炭的气化很显著，这种现象在含有大量碱金属、碱土金属的秸秆类生物质样品上更明显。

甘蔗渣的热解可被描述为主要组分纤维素、半纤维素和木质素的叠加，并可采用一级反应计算它们的热解动力学参数。半纤维素的热解活性大于纤维素的热解活性，而木质素比较难以热解，其热解活性远远低于纤维素的热解活性。生物质的主要组分（半纤维素、纤维素和木质素）间几乎没有相互作用。任何生物质的热解速率都可以认为是半纤维素、纤维素和木质素的热解速率的叠加。

8.4　技术发展史与特点

8.4.1　燃烧

将生物质作为燃料在高温下直接燃烧，是最简单的热化学转化工艺，目前农村仍在广泛使用的柴灶，已经传延千年。但传统的生物质燃烧方式，热效率较低，仅为 10%～30%。

自 20 世纪 70 年代的世界石油危机以来，丹麦推行能源多样化政策，在生物质直燃发电方面成绩显著，在 BWE 公司技术支撑下，1988 年丹麦建成世界上第一座秸秆生物燃料发电厂，是迄今在这一领域仍是世界最高水平的保持者。目前丹麦已有130家秸秆发电厂，使生物质成为丹麦重要的能源。2002年丹麦能源消费量约 28×10^7 吨标准煤，其中可再生能源为 35×10^6 吨标准煤，占能源消费的12%，在可再生能源中生物质能所占比例为81%。

美国CE公司利用鲁奇技术研制的大型燃废木循环流化床发电锅炉出力为100t/h，蒸气压力为8.7MPa。美国B&W公司制造的燃木柴流化床锅炉也于20世纪80年代末至90年代初投入运行。此外，瑞典以树枝、树叶等林业废弃物作为大型流化床锅炉的燃料加以利用，锅炉热效率可达到80%。丹麦采用高倍率循环流化床锅炉，将干草与煤按照6∶4的比例送入炉内进行燃烧，锅炉出力为100t/h，热功率达80MW。

单县生物质发电项目是中国第一个竣工投产的国家级生物质直燃发电示范项目，由国家电网公司旗下的国能生物发电有限公司引进丹麦BWE和百安纳公司技术，自行制造关键水冷振动炉排设备，并由济南锅炉厂转化制造的高温高压锅炉本体。国内其他锅炉制造厂借鉴国外技术或参照"BWE"技术生产制造的水冷振动炉排锅炉。经过多年的技术摸索和实践，目前已基本成熟，可靠性大大提高，效率均可达80%。

中国自20世纪80年代末开始，对生物质流化床燃烧技术进行了深入的研究，国内各研究单位与锅炉厂合作，联合开发了各种类型燃生物质的流化床锅炉，投入生产后运行效果良好，并进行了推广，还有许多出口到了国外，形成了具有自主知识产权的秸秆流态化燃烧技术。中国节能（宿迁）生物质发电有限公司秸秆直燃发电项目锅炉是国内第一个具有自主知识产权的生物质流化床锅炉，此后以武汉凯迪为代表的相关科研机构和各锅炉厂陆续研发了不同参数的一系列流化床锅炉产品，并有部分项目设备投入运行，运行较好的项目设备年利用时间超过7000h。

8.4.2 热解

热解原理应用于工业生产已有很长的历史，木材和煤的干馏、重油裂解生产各种燃料油等早已为人们所知。从20世纪60~70年代起，美国、欧洲及日本分别建立了一些商业化或近于商业化生产的城市固体垃圾热解处理工厂。在20世纪60年代至70年代中期，美国为了解决得克萨斯高原牧场的大量粪肥堆积，进行了粪肥的气化研究。在德国，政府命令除军用车辆外的所有车辆全部改用气体燃料；在日本，有40%的私人汽车改装成了代用燃料车。

8.4.2.1 热解液化技术

1982年，Bungay在《Science》上首次提出生物炼制的概念，旨在通过多种技术途径将生物质转化为燃料、电力和化工品等产品。2006 年，研究人员在《Science》和《Nature》上进一步强调，生物炼制作为一种新的工业制造概念，为实现生物能源和生物材料的可持续生产提供了可能，并将成为一种新的制造技术典范。作为生物炼制的重要手段之一，生物质热解液化技术由于具有工艺过程短、原料适应性强、反应迅速、转化率高以及易于商业化等诸多优点，发展非常迅速，如荷兰 BTG 和加拿大 Dynamotive 均于 20 世纪 90 年代中期即已建成了万吨级生物质热解液化示范装置。

中国最早用于生物质热裂解液化的反应器是 1995 年，沈阳农业大学在UNDP 的资助下，从荷兰的 BTG 引进一套旋转锥式液化装置。中国科技大学也于2007 年通过产学研合作在合肥建成了国内第一套产业化示范装置。另外，国内用于生物质快速热裂解液化研究的反应器还有浙江大学的固定床和回转窑、河南农业大学的平行反应管、浙江农业大学的热裂解釜、清华大学的热分解器等，但其规模大多用于实验室研究。从文献资料和专利申请来看，生物质处理能力较大的生物质热裂解反应器主要有山东理工大学的下降管反应器、东北林业大学的转锥式热裂解反应器和中国科技大学的自热式流化床反应器，其生物质处理能力均在 200kg/h 以上。目前，生物质热解液化技术已进入产业化示范阶段。随着原料收集和预处理、选择性热解与分解冷凝、生物油分离与精制等各技术环节的不断成熟，生物质热解液化技术预期将在近几年内形成较为完备的技术链和产业链，并逐步实现真正意义上的产业化。

8.4.2.2 热解气化技术

瑞典 VARNAMO BIGCC 电厂是由 Sydkraft AB 公司投建，于 1993 年正式运行，是世界上首家以生物质为原料的整体气化联合循环发电厂，电厂装机容量为6MW，供热容量为 9MW，整体电效率为 32%（除自用电外）。瑞典 2002 年的能源消费量为 7.3×10^7 吨标准煤，其中可再生能源为 2.1×10^7 吨标准煤，约占能源消费量的 28%，在可再生能源中生物质能占 55%，主要作为区域供热燃料。

1995 年美国 Hwaii 大学和 Vrmont 大学在国家能源部的资助下开展了流化床气化发电工作。Hwaii 大学建立了日处理生物质量为 100t 的液化压力气化系统，1997 年已经完成了设计，建造和试运行达到预定生产能力。美国 Battelle 生物质气化发电示范工程，生产一种中热值气体，不需要制氧装置，此工艺使用两个实际上分开的反应器：（1）气化反应器，在其中生物质转化成中热值气体和残炭；（2）燃烧反应器，燃烧残炭并为气化反应供热。两个反应器之间的热交换载体由气化炉和燃烧室之间的循环沙粒完成。

加拿大摩尔公司设计和发展的固定床湿式上行式气化装置，加拿大通用燃料气化装置有限公司设计制造的流化床气化装置，气化效率可达 60% ~ 90%，可燃气热值为（1.7~2.5）× 10^4kJ/m³。意大利 CSM 公司材料研究院拥有一座长 7.8m，内径 0.9m 的中试回转窑气化装置，废物处理能力 150kg/h，窑体倾斜度 2°，转速 1~5r/min，该气化装置在含油污泥、石油石化废物、高热值废物、危险废物、农林生物质废物、畜禽粪便等废物的热解、气化方面积累了丰富经验，具有较高的中试研究和工程设计能力。

早在 20 世纪 60 年代，我国就开始了生物质气化发电的研究，研制出了样机并进行了初步推广，还曾出口到发展中国家，后因经济条件限制和收益不高等原因停止了这方面的研究工作。1981 年我国农机科学研究院，利用低热解的农村废物进行了热解燃气装置的试验取得成功。小型农用气化炉已定点生产，为解决农用动力和生活能源，找到了方便可行的代用途径。海南三亚"1MW 生物质流化床气化发电系统"，该气化发电系统是由中科院广州能源所设计，利用当地木材厂生产废木屑进行发电，气化效率大约为 75%，系统发电效率在 15%~18%之间，单位电量对原料（木屑）的需求量为 1.25~1.35kg。济南市历城区董家镇柿子园村"200kW 固定床生物质气化发电示范系统"该气化发电示范系统是由山东省科学院能源研究所设计建造的，发电容量为 200kW，年消耗秸秆约 2000 吨，年发电量约为 140 万千瓦时，采用的是"二步法生物质固定床气化发电技术"，该技术可以使秸秆气化过程中产生的有害物质焦油再次裂解，一定程度上克服了原有气化技术中燃气净化困难、易造成二次污染的缺点，且回收利用了发动机尾气的部分余热，提高了能源的利用率，气化效率比其他固定床气化器提高了 8%~10%。

8.4.2.3 热解碳化技术

生物质热解炭化技术研究起步较早，但对于炭化设备的相关报道并不多见，只有少部分国家直接利用本国生物质资源进行炭化研究。生物质热解炭化及其设备研究主要集中在亚洲的印度、菲律宾、泰国、南美的巴西等发展中国家。

传统的生物质炭化主要采用土窑或砖窑式烧炭工艺。中国在 20 世纪 60 年代采用的是土窑或砖窑式烧炭工艺，但合格出炭率仅有 20%~30%。从 20 世纪 70 年代开始加大对生物质能源开发支持力度后，生物质固定床热解炭化技术得到迅猛发展。其按照传热方式的不同又可分为外燃料加热式和内燃式，另外固定床热解炭化设备还有一种新型再流通气体加热式热解炭化炉型，也很有代表性。

外加热式固定床热解炭化系统包含加热炉和热解炉两部分，由外加热炉体向热解炉体提供热解所需能量。加热炉多采用管式炉，其最大优点是温度控制方便、精确，可提高生物质能源利用率，改进热解产品质量，但需消耗其他形式的能源。由于外热式固定床热解炭化炉的热量是由外及里传递，使炉膛温度始终低于炉壁温度，对炉壁耐热材料要求较高，且通过炉壁表面上的热传导不能保证不同形状和粒径的原料受热均匀。

内燃式固定床热解炭化炉的燃烧方式类似于传统的窑式炭化炉，需在炉内点燃生物质燃料，依靠燃料自身燃烧所提供的热量维持热解。内燃式炭化炉与外热式的最大区别是热量传递方式的不同，外热式为热传导，而内燃式炭化炉是热传导、热对流和热辐射三种传递方式的组合。因此，内燃式固定床热解炭化炉热解过程不消耗任何外加热量，反应本身和原料干燥均利用生物质自身产热，热效率较高，但生物质物料消耗较大，且为了维持热解的缺氧环境，燃烧不充分，升温速率较缓慢，热解终温不易控制。

再流通气体加热式固定床炭化炉是一种新型热解炭化设备，其突出特点是可以高效利用部分生物质物料本身燃烧而产生的燃料气来干燥、热解、炭化其余生物质。我国出现的再流通气体加热式固定床炭化炉，其热解多利用固体燃料层燃技术，采用气化、炭化双炉筒纵向布置，炉筒下部为炉膛，炉膛内布置水冷壁，炉膛两侧为对流烟道。为保障烟气的流通，防止窑内熄火，避免炭化过程中断，这种炉型要在烟道上安装引风机和鼓风机。由于气化炉本身产生的高温燃气温度可达 $600 \sim 1000$ ℃，能充分满足炭化反应需要，因此利用这种炉型进行生物质热解炭化燃料利用率更高，更适于挥发分高的生物质炭化。该炭化炉型按照气化室部分产出的加热气体流向又分为上吸式和下吸式两种。

上吸式固定床炭化炉即气化炉部分采用上吸式，特点是空气流动方向与物料运动方向相反，向下移动的生物质物料被向上流动的热空气烘干和裂解，可快速、高效利用气化炉内燃料。上吸式气化炉对物料的湿度和粒度要求不高，且由于热量气流向上流动具有自发性，能源消耗相对下吸式固定床更少，经多层物料过滤后产出的供炭化炉使用的高温可燃气体灰分含量也较少，但对炉体顶部密封要求则较高。

下吸式固定床炭化炉炉体部分采用下吸式，与上吸式气化炉相比有三个优点：（1）物料气化产生的焦油可以在物料氧化区床层上被高温裂解，生成气即炭化所需高温燃气中焦油含量较低；（2）裂解后的有机蒸汽经过高温氧化区，携带较多热量，所以下吸式气化炉气化室部分排出的气体温度更高；（3）由于气流流动特点，下吸式气化炉在微负压条件下运行，对密封要求不高。

生物质固定床式热解炭化反应设备的优点是运动部件少、制造简单、成本低、操作方便，可通过改变烟道和排烟口位置及处理顶部密封结构来影响气流流动，从而达到热解反应稳定、得炭率高的目的，更适合于小规模制炭。随着机械化程度更高的大型化固定床式热解炭化炉体的出现，利用各种生物质原料进行大规模工业制炭的产业化时代将指日可待。

8.5 技术分类与应用现状

8.5.1 燃烧

将生物质作为燃料在高温下直接燃烧，是最简单的热化学转化工艺，根据燃烧方式的不同一般可分为层燃技术和流化床技术。

8.5.1.1 层燃燃烧技术

传统的层燃技术是指生物质燃料铺在炉排上形成层状，与一次配风相混合，逐步地进行干燥、热解、燃烧及还原过程，可燃气体与二次配风在炉排上方的空间充分混合燃烧。层燃燃烧方式多采用往复式炉排、振动式炉排、链条式炉排、马丁炉（多见于垃圾炉）等炉型。水冷振动式炉排是生物质燃料锅炉应用最多、技术最成熟的炉排，锅炉一般为单锅筒、膜式水冷壁、自然循环、平衡通风的中温、中压锅炉。锅炉本体布置前吊后支，在炉膛底部布置了水冷振动炉排。锅炉为钢架结构。秸秆平铺在炉排上形成一定厚度的燃料层，进行干燥、干馏、燃烧及还原过程。空气（一次配风）从下部通过燃料层为燃烧提供氧气，燃料与二次配风在炉排上方的空间充分混合燃烧。锅炉布风由两部分组成：一次风从两侧墙炉排下各分四个风管送入风室，再经过炉排上的小孔进入炉膛。风室中用隔板分隔成四个独立的风室，进风管上设有调节挡板，可根据燃料和燃烧情况进行调节。二次风布置在前、后墙炉拱处，在炉排的上方，二次风总管上装有调节风门。

8.5.1.2 流化床燃烧技术

流化床燃烧技术是一种相当成熟的技术，在矿物燃料的清洁燃烧领域早已步入商业化使用阶段。将现有的成熟技术应用于生物质的开发利用，在国内外早已进行了广泛深入的研究，并已进入商业运行阶段。流态化燃烧具有传热传质性能好、燃烧效率高、有害气体排放少、热容量大等一系列的优点，很适合燃烧水分大、热值低的生物质燃料。

流化床燃烧方式多采用流化床、循环流化床、二级流化床等炉型。循环流化床由炉膛、物料分离收集器和返料器三部分组成。炉膛由膜式水冷壁组成，下部是一个下小上大的倒锥形流化燃烧段，亦称为密相区。底部为水冷布风板，布风板上布置有风帽，布风板下为一次风室。预热后的一次风经风帽小孔进入密相区使燃料开始燃烧，并将物料吹离布风板。二次风由床层上方的二次风口送入炉膛，运行中可以通过调节一、二次风的比例来控制燃烧。这样，既能达到完全燃烧的目的，又可以控制 SO_2 和 NO_x 的生成量。另外，从二次风引出几支风管从前墙作为播料风进入密相区，以便燃料均匀播散到床料中去，同时加强了密相区下部的扰动。炉膛上部为稀相区，炉膛断面得到扩展，烟气携带物料继续燃烧，同时向炉膛四周放热。由于断面扩大，同时烟气经悬浮段碰撞炉顶防磨层，部分粗物料返回密相区，烟气携带较细物料离开炉膛进入高温旋风分离器。烟气携带较细的物料进入上排气旋风分离器，将细物料进一步分离和收集起来，通过loopseal 型返料器返回到密相区中，继续循环燃烧，返料风采用一次风机提供的高压风。锅炉燃烧后产生的物料（炉渣），从布风板中心左右两个排渣口放出。锅炉启动采用轻柴油床下点火。

8.5.1.3　炉型比较

A　应用情况

水冷振动炉排炉在国内外均有成熟的运行经验，使用数量最多。流化床锅炉最早是为解决燃煤机组烟气炉内脱硫的问题而在中国采用，还未能广泛应用。

B　燃料适应性

水冷振动炉排炉，较好的结合了国外先进技术和中国燃料的实际情况，可以适应多达60 多种的农林废弃物，既可纯烧某种物质，也可掺烧多种燃料，在燃料水分高达40%时亦可稳定燃烧。循环流化床仅适用于燃料粒径和密度差别不大的燃料，对燃料的要求较为苛刻，水冷振动炉排炉与循环流化床优缺点及影响因素对比见表 8-4 与表 8-5。

表 8-4　水冷振动炉排炉与循环流化床炉优缺点对比

项目	水冷振动炉排炉	循环流化床炉
优点	燃料的适应范围广 秸秆基本无需预处理就可直接入炉 磨损相对较轻 烟气含尘浓度较低 设备厂用电低 设备运行可靠，年发电小时数多，全生命周期发电成本低	SO_2、NO_x 排放浓度较低 初期投资较低
缺点	SO_2、NO_x 排放浓度较高（但可满足国家排放标准） 初期投资较高	燃料适应范围窄 燃料预处理要求较高 受热面磨损严重 设备厂用电量高 烟气含尘浓度相对较高 设备运行停机检修维护时间较长

表 8-5 水冷振动炉排炉与循环流化床炉影响因素对比

比较因素	水冷振动炉排炉	循环流化床炉
生物质燃料的适应性	适应燃料范围大	适应燃料范围小
燃料预处理	小一些	大一些
燃烧充分性	通过炉排按一定频率振动（可根据燃料调整），使燃料在炉排上充分与空气接触、充分燃烧	要求燃料粒径和密度均一，否则无法充分燃烧
锅炉效率	DPCT专利降低排烟温度，效率高	效率较低
设备厂用电	低	高
年运行时间/h	7200	<6000
设备磨损情况	低	高
后期维护费用	低	高
市场占有率	大	小
技术来源比较因素	DPCT水冷振动炉排技术源于丹麦，水冷振动炉排炉	源自燃煤锅炉循环流化床
结果	转为生物质焚烧开发	

C 燃料预处理

水冷振动炉排炉基本无需燃料预处理系统。循环流化床燃烧炉对燃料预处理要求较高，对燃料粒径具有较严格要求，尺寸一般要求在 150～200mm，该部分投资费用较高。

D 磨损情况

炉排炉中由于秸秆燃烧过程均发生在炉排表面上，炉排相对较长，炉型较大，磨损较轻。循环流化床的布风板周围水冷壁及后面尾部受热面和炉墙的磨损较为严重。

E 经济比较

水冷振动炉排炉与循环流化床炉相比，虽然设备初期投资较大，但单位发电量燃料耗量低，日常维修费用低，设备用电率低使得同等装机容量的电厂上网电量多等因素，从锅炉设备的整个生命周期综合考虑，水冷振动炉排炉的经济指标优于流化床锅炉，水冷振动炉排炉与循环流化床炉影响因素对比见表 8-5。

8.5.2 热解

生物质燃烧一般只能利用热能，而生物质热解产物为燃气、焦油或半焦，可以根据不同的需求加以利用，根据生物质热解主要产物的不同，热解分为气化技术、液化技术和碳化技术。

8.5.2.1 热解气化技术

热解气化技术指在一定的热力学条件下，将组成生物质的碳氢化合物转化为含一氧化碳和氢气等可燃气体的过程。这些产物既可供生产、生活直接燃用，也可用来发电，进行热电联产联供，从而实现生物质的高效清洁利用。

生物质气化采用的技术路线种类繁多，可从不同的角度对其进行分类。根据燃气生产机理可分为热解气化和反应性气化，其中后者又可根据反应气氛的不同细分为空气气化、水蒸气气化、氧气气化、氢气及其这些气体的混合物的气化。根据采用的气化反应器的不同又可分为固定床气化、流化床气化和气流床气化。另外，还可以根据气化规模的大小、气化反应压力的不同对气化技术进行分类。在气化过程中使用不同的气化剂、采取不同的运行方法以及过程运行条件，可以得到三种不同质量的气化产品气。三种类型的气化产品气有着不同的热值（CV）：低热值（Low CV）4~6MJ/Nm^3（使用空气和蒸气/空气）、中热值（Medium CV）12~18MJ/Nm^3（使用氧气和蒸气）和高热值（High CV）40MJ/Nm^3（使用氢气或者是氢化）。

从理论上讲，任何一种气化工艺都可以构成生物质气化发电系统，但从气化发电的质量和经济性出发，生物质气化发电要求达到发电频率稳定、发电负荷连续可调两个基本要求。所以，对气化设备而言，它必须达到燃气质量稳定，燃气产量可调，而且必须连续运行。在这些前提下，气化能量转换效率的高低是气化发电系统运行成本高低的关键所在。

气化形式选定以后，从系统匹配的角度考虑，气化设备应满足以下要求：产气尽可能干净，以减少后处理系统的复杂性，使焦油含量达到内燃机允许的程度；如果后续净化系统选用催化裂解工艺，还要尽可能使原始气中的焦油具有易于催化裂解的特点；产气热值要高而且稳定，以提高内燃机的输出功率，增大整个系统的效率；设计气化炉本体及加料排渣系统，应充分考虑原料特性，实现连续运行；充分利用显热，提高能量利用率。几种气化形式对气化发电系统性能的影响见表8-6。

表8-6 几种气化形式对气化发电系统性能的影响

项目	上吸式	下吸式	鼓泡流化床	循环流化床
原料适应性	适应不同形状尺寸原料、含水量在15%~45%之间可稳定运行	大块原料不经预处理可直接使用	原料尺寸控制较严，需预处理过程	能适应不同种类的原料，但要求为细颗粒，原料需预处理过程

项目	上吸式	下吸式	鼓泡流化床	循环流化床
燃气及后处理过程特征的简单性	H_2 和 C_nH_m 含量少，CO_2 含量高，焦油含量高，需要复杂净化处理	H_2 含量增加。焦油经高温区裂解，含量减少	与直径相同的固定床比，产气量大 4 倍，焦油较少，燃气成分稳定，后处理过程简单	焦油含量少，产气量大，气体热值比固定床气化炉高 40% 左右，后处理简单
设备实用性、单炉生产能力、结构复杂程度、制造维修费用	生产强度小。结构简单、加工制造容易	生产强度小，结构简单，容易实现连续加料	生产强度是固定床的 4 倍，但受气流速度的限制。故障处理容易，维修费用低	生产强度是固定床的 8~10 倍，流化床的 2 倍，单位容积的生产能力最大；故障处理容易，维修费用低
与发电系统的匹配性	工作安全、稳定	安全、稳定	操作安全稳定。负荷调节幅度受气速的限制	负荷适应能力强，启动、停车容易，调节范围大，运行平稳

从实际应用上考虑，固定床气化炉比较合适于小型、间隙性运行的气化发电系统。它的最大优点是原料不用预处理，而且设备结构简单紧凑，燃气中含灰量较低，净化可以采用简单的过滤方式，但最大缺点是固定床不便于放大，难以实现工业化，发电成本一般较高。另外，固定床由于加料和排灰问题，不便于设计为连续运行的方式，对气化发电系统的连续运行不利，而且燃气质量容易波动，发电质量不稳定，这些方面都限制了固定床气化技术在气化发电系统中的大量应用，是小型生物质气化发电系统实现产业化的最大技术难题。

流化床包括鼓轮床、循环流化床、双流化床等，是比较合适于气化发电工艺的气化技术。首先它运行稳定，包括燃气质量，加料与排渣等非常稳定，而且流化床的运行连续可调，最重要的一点是便于放大，适于生物质气化发电系统的工业应用。当然，流化床也有两个明显的缺点，一是原料需进行预处理，使原料满足流化床与加料的要求；二是流化床气化产生燃气中飞灰含量较高，不便于后续的燃气净化处理，这两方面都是目前生物质流化床工业应用正在研究解决主要内容。

生物质流化床气化工艺有三种典型的形式，即鼓泡床气化、循环流化床气化及双床气化，三种流化床气化炉中以循环流气化速度最快。它适用于较小的生物质颗料，在大部分情况下它可以不必加流化床热载体，所以它运行最简单，但它的炭回流难以控制，在炭回流较少的情况下容易变成低速率的载流床。鼓泡床流化速度较慢，比较合适于颗粒较大的生物质原料，而且一般必须增加热截体。双床系统是鼓泡床和循环流化床的结合，它把燃烧和气化过程分开，燃烧床采用鼓泡床，气化床采用循环流化床，两床之间靠热载体进行传热，所以控制好热载体的循环速度和加热温度是双床系统最关键也是最难的技术。总的来说，流化床气化由于存在着飞灰、夹带炭颗粒严重、运行费用较大等问题，它不适合于小型气化发电系统，只适合于大中型气化发电系统，所以研究小型的流化床气化技术在生物质能利用中很难有实际意义。

　　流化床气化炉的放大是大中型生物质气化发电系统应用必须解决的关键技术之一，由于一般气化过程采用空气作气化分质，所以流化床气化炉的下部一般是燃烧的热空气，中上部为燃气混合气，两部分的气体体积变化较大。为了保证流化床运行在合理的流化速度范围，一般设计时采用下部小，上部大的变截面结构。流化床气化炉结构如图 8-3 所示。

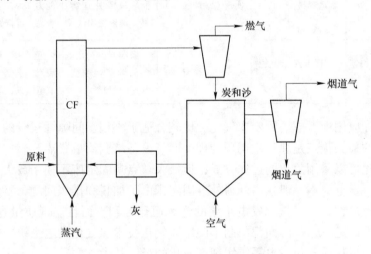

图 8-3　流化床气化炉结构

　　常压流化床的放大有一定的限制，当气化发电系统的发电规模大于 100MW 时，由于流化床气化设备的体积过于庞大，加工气化调谐和增压燃气轮机发电效率较低，常压流化床已不能满足气化发电技术的要求，所以高压气化技术是气化发电技术大型化和规模化发展的必然趋势。常压及增压流化床（10~15atm）的理论计算结果比较，比较发现，当循环流化床的出力达 150MW 以后，常压流化床的直径已达 5500mm，而增压流化床气化炉直径才 2300mm，所以此时采用增压流化床气化技术又非常必要。需要说明的是，由于生物质颗粒度的差别，对大部分粉碎后的生物质，实际设计选用的参数要比表 8-7 的结果保守。例如对粉碎后的秸秆或一般木屑，20MW 的循环流化床直径已达 3000mm，而不是理论计算的 2000mm，从这个角度出发，高压气化技术对大型生物质气化发电系统显得更为重要。

表 8-7 常压及增压流化床（10~15atm）理论计算结果比较

燃气出力/MW	20	50	150
常压流化床/mm	2100	300	5500
增压流化床（atm）/mm	1200	160	2300

8.5.2.2 热解液化技术

热解液化是指生物质在较低的热解温度、较高的压力及还原环境条件下，原料经较长时间分解反应形成液体产品的过程。常规热解制备的生物油虽然收率较高，但燃料品质较低，故其应用领域和应用价值都受到限制。目前，国内外学者主要是从改善热解路径的角度来提高生物油的品质，如采用催化热解和混合热解等。

催化热解是指在催化剂的参与下改变生物质热解气成分，以实现生物油高收率和高品质的热解反应过程。根据常规生物油燃料品质需要改善的方面，以及催化热解能够实现工业化应用的要求，成功的催化热解过程需要满足以下 6 条准则：（1）能够促进低聚物的二次裂解以形成挥发性产物，从而降低生物油的平均相对分子质量和黏度，并提高生物油的热安定性；（2）能够降低醛类产物的含量，从而提高生物油的化学安定性；（3）能够降低酸类产物的含量，从而降低生物油的酸性和腐蚀性；（4）能够尽可能地脱氧，促进烃类产物或其他低氧含量产物的形成，从而提高生物油的热值，但要避免多环芳烃等具有致癌性产物的形成；（5）氧元素尽量以 CO 或 CO_2 的形式脱除，如果以 H_2O 的形式脱除，必须保证水分和催化热解后的有机液体产物能自行分离；（6）催化剂必须具有较长的使用寿命。针对不同的催化剂，围绕上述六条原则，国内外学者在生物质催化热解方面开展了大量的工作。目前，研究较多的催化剂有固体超强酸、强碱及碱盐、金属氧化物和氯化物、沸石类分子筛介孔分子筛和催化裂化催化剂。但从催化效果来看，它们各有利弊，如催化裂化催化剂能降低生物油中酚类物质的含量，提高生物油的化学安定性，增加生物油中烃类物质的含量，但另一方面，它会促进水分、焦炭和非冷凝气体的生成，降低生物油的收率；沸石类分子筛具有很好的脱氧效果，其催化后能够得到以芳香烃为主的液体烃类产物，但在催化热解过程中它极易失活，且再生困难；介孔分子筛具有较高的脱氧活性，但它的水热稳定性较差且价格昂贵。到目前为止，还未发现任何一种催化剂能够在生物质热解过程中兼顾上述六条原则，故现阶段催化热解的主要工作还在于催化剂的筛选和开发。

生物质与其他物料的共热解液化简称为混合热解。目前，国内外学者对煤与生物质的共热解液化研究较多。由于煤热解液化过程耗氢量大、反应温度高、且需要在催化剂和其他溶剂的参与下进行，使得煤液化成本过高；另一方面，生物质热解液化所得生物油的品质较低，这些不利因素限制了它们的发展。而煤与生物质的混合热解可以在它们的协同作用下降低反应温度，并显著提高液化产物的质量和收率。目前，一般认为生物质和煤的共热解液化反应属于自由基过程，即煤与生物质各自发生热解反应，生成自由基"碎片"，由于这些自由基"碎片"不够稳定，它们或与氢结合生成相对分子质量比煤和生物质低很多的初级加氢产物，或彼此结合发生缩聚反应生成高分子焦类产物，在此过程中，部分氢可由生物质提供，从而减少外界的供氢量。现阶段，对于生物质与煤共热解产物研究的报道较少，Altieri 等人研究了木质素和烟煤在 400℃下共液化产物的特征，其中液体产物中苯可溶物为 30%，而煤和木质素单独液化得到的苯可溶物大约为 10%。周华等人通过研究稻秆和煤的共热解液化情况，得出在稻秆添加量为 50%（质量）、反应温度 400℃、反应时间 60min 时，所得液化产物正己烷可溶物达 42.5%，比对应加权平均计算值高 9.7%。

8.5.2.3 热解碳化技术

热解炭化是指原料在厌氧或缺氧条件下的干馏热裂解过程。生物质热解炭化反应设备应有如下特点：（1）温度易控制，炉体本身要起到阻滞升温和延缓降温的作用；（2）反应是在无氧或缺氧条件下进行，反应器顶部及炉体整体密封条件必须要好；（3）对原料种类、粒径要求低，无需预处理，原料适应性更强；（4）反应设备容积相对较小，加工制造方便，故障处理容易、维修费用低。

生物质热解炭化设备主要包括两种类型，即窑式热解炭化炉和固定床式热解炭化反应炉。其中，窑式热解炭化炉在传统土窑炭化工艺的基础上已出现大量新的炉型。固定床式炭化设备按照传热方式的不同又可分为外燃料加热式和内燃式，另外固定床热解炭化设备还有一种新型再流通气体加热式热解炭化炉。

新型窑式热解炭化系统主要在火力控制和排气管道方面做了较大改变，其主要构造包括密封炉盖、窑式炉膛、底部炉栅、气液冷凝分离及回收装置。在炉体材料方面多用低合金碳钢和耐火材料，机械化程度更高、得炭质量好、适应性更强。目前，国内外对窑式炭化炉体研究主要集中在利用现代化工艺和制造手段改进传统炉体上，已出现很多窑式炭化炉专利。

日本农林水产省森林综合研究所设计了一种具有优良隔热性能的移动式 BA-I 型炭化窑。以当地毛竹、桑树作为原料进行制炭。该窑体的四壁面和开闭盖采用具有隔热性能材料的双层密封结构，炭化窑本体和顶盖联接部分的缝隙中用砂土密封，热量不易泄露，保温性能良好。因此，炉内温差小，通风量也小，从而克服了由于燃烧而导致木炭损失的缺点，木炭得率高。

国内王有权等人经过五年的潜心钻研，制造出一种自燃闷烧式炉型，又叫敞开式快速热解炭化窑。这种炉体采用上点火式内燃控氧炭化工艺，当炉内温度达到 190℃时，在自然环境下进行原料断氧，控制火力，火焰能逐渐进入炭化室，使窑内多种生物质原料炭化，同时产生清洁、高热值的可燃气体。该炉型已获国家专利，并在当地得到很好普及。

河南省能源研究所雷廷宙等人，在中科院广州能源研究所主办的 2004 年中国生物质能技术与可持续发展研讨会上展示了他们研制的三段式生物质热解窑，三段式生物质热解窑示意图如图 8-4 所示。该窑体由热解釜与加热炉两部分组成，根据不同升温速率对热解产物的影响，将热解釜部分设计 3 个温度段炉腔，分别为低温段（100~280℃）、中温段（280~500℃）和高温段（500~600℃）。所设计的热解釜尺寸为 φ450mm × 900mm，热解釜通过管道相互连通，气相也通过料管排出，料管上部焊在装有两个轮子的钢板上，可在热解釜下方的卧式加热炉导轨上行走。经试验研究，这种由热解釜和三段式卧式加热炉组合而成的炭化系统效率高，产物性能好，得到了与会专家的一致推荐。

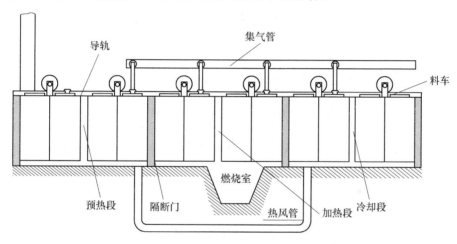

图 8-4　三段式生物质热解窑示意图

自 20 世纪 70 年代以来，生物质固定床式热解碳化技术得到迅猛发展。各种炭化炉炉型结构大量出现，国内外除了采用管式炉加热炉体进行实验室规模研究生物质热解及动力学分析外，对实际应用的大型化的固定床炭化炉研究也较多。

南京工业大学于红梅等人设计了热管式生物质固定床气化炉。利用高温烟气加热管蒸发段，通过在不同位置布置不同数量的高温热管，利用热管的等温性、热流密度可变性以调控气化炉床层温度，更好的达到控制制气与制炭的目的。这种新型加热方式在固定床热解气化炉中得到了成功应用，但在炭化中由于温度在热解最佳反应条件下较难实现均匀分布，且由于温度传递的滞后效应，不适用于硬质木料的炭化，可针对粒径较小的生物质进行热解炭化实验研究。

印度博拉理工学院（BITS）研制的内燃下吸式生物质热解装置如图 8-5 所示。该装置利用炉体顶部的水封装置达到密封且便于拆卸的目的，设置窄口还原区，便于热解区域挥发分向下流动，这既利于热解区部分温度较高时带走热量增加产炭又利于氧化区域增加热量，同时对挥发分后续的冷凝制取生物质油也起到降温作用，从而达到炭、气、油的高效联产。

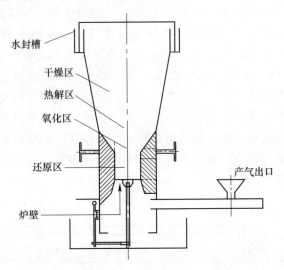

图 8-5 印度内燃下吸式生物质热解装置

合肥工业大学朱华炳等人设计的以热解气体为燃料的内燃加热式生物质气化炉如图 8-6 所示。将生物质气化与焦油催化裂解集于一体，不需为催化裂解提供

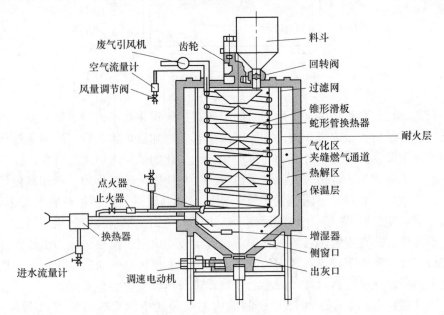

图 8-6 合肥工业大学内燃加热式气化炉

热源。在废气引风机作用下，产生的燃气经回流燃气风量调节阀、止火器，可持续与空气混合，混合气经点燃后经蛇形管向气化炉内提供热量。烟气回流燃烧既节省能源又减少污染。物料从45°锥形滑板上下落，可延长物料与挥发分的接触时间，利于热量的传递和炭质量的提高。这种内燃式气化炉体内部蛇形管道和锥形滑板落料器的设计也为炭化炉传热和落料设计提供了依据。但受滑道的限制，这种炉体只适合于粒径较小的物料。

再流通气体加热式固定床热解炭化炉是一种新型热解炭化设备，其突出特点是：可以高效利用部分生物质物料本身燃烧而产生的燃料气来干燥、热解、炭化其余生物质。按照气化室部分产出的加热气体流向分为上吸式和下吸式两种。

上吸式热解炭化炉典型炉型，如韩璋鑫设计的上吸式固定床快速热解炭化炉，如图8-7所示。在干馏炭化室中心部位设置气化反应室，空气管进口设置在气化室底部，采用下点火方式，气化产生的高温缺氧气体通过两个抽吸内燃气管口，向上扩散到干馏炭化室将物料炭化。该上吸式固定床气化炉产生热解气体的炭化炉型缺点是产气灰分含量低，优点就是炭化室中物料在上部热解时所释放的高发热量挥发分都被吸入到下面料层，有助于热解炭化，也使收集得到的可燃气体热值提高。

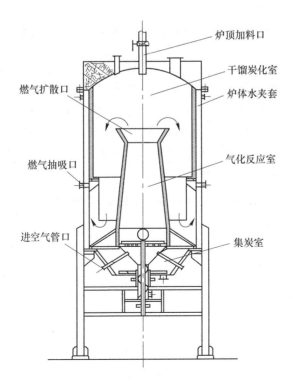

图 8-7　上吸式固定床气化室炭化炉

泰国清迈大学研发的大型烟道气体金属炭化炉如图 8-8 所示，将实验用木薯根茎在燃烧炉内点燃，用产生的燃料气进一步热解金属炭化炉中的物料，且热解产生的可燃气体还可二次回流利用。研究表明当将炭化炉以 70° 的倾斜角放置时热解温度分布最理想，热解所需时间最短，对于干燥物料热解仅需 95min；在炭化得率方面，鲜木薯根茎经过热解可得到 35.65% 的合格木炭。

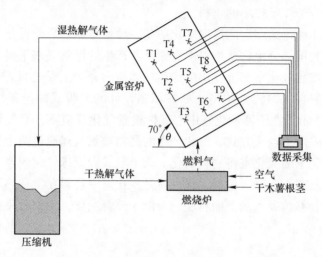

图 8-8　泰国清迈大学研发的大型烟道气体金属炭化炉

　　生物质热解碳化反应设备各自的特点见表 8-8，经过几种生物质热解炭化反应设备的对比，不难发现，传统的窑式生物质热解炭化炉制造容易，成本较低，使用不受地区限制，技术较为成熟，但只能烧制粒径较大的硬质木材，且生产周期长、材料浪费严重、污染大、产炭质量难以保证。新型窑炉和固定床式热解制炭设备生产周期短，可操作性更强，制炭质量较优，对尾气和焦油的处理合理，而相对成本较高，多应用于工业化规模生产。

表 8-8　生物质热解碳化反应设备各自特点

项目	传统土窑	三段式生物质热解窑	上吸式固定床炭化炉
类型	传统窑式炭化	新型窑式炭化	再流通气体加热上吸式固定床炭化
生物质原料	硬质木材	硬木、秸秆、壳类、固化成型材料	秸秆、木屑、壳类、固化成型材料
炉体材料	红砖或黏土	钢制	钢制
升温速率 /℃·min^{-1}	不可控	5~30，可控	10~30，可控
热解终温 /℃	500	低温段，100~200 中温段，280~500 高温段，500~600	气化室段，600~800 炭化室段，200~500

项目	传统土窑	三段式生物质热解窑	上吸式固定床炭化炉
得碳率/%	20	30	40
生产周期/h	120~480	30	24
气体排放情况	排空	净化回收	二次利用
焦油处理	不处理	分离提纯	含量极低，可净化回收

随着国家对生物质能源关注度的不断升温，生物质热解制炭产业必将得到快速广阔的发展。高效、节能、稳定且具有较高自动化、机械化水平的生物质热解炭化反应设备以及热解炭化机理将是未来的主要研究方向。

8.6 典型案例

8.6.1 生物质直燃发电项目

某市生物质电厂装机方案为 $2 \times 75t/h$ 锅炉$+ 2 \times 15MW$ 机组，年发电量约2.16亿度，年综合利用农作物秸秆23.27万吨左右。项目总占地面积约200亩，总投资约3.3亿元。主要由进料系统、燃烧系统、热力系统、除灰渣系统、供水系统、废水处理系统及控制装置7个部分组成，生物质直燃发电工艺流程如图8-9所示。

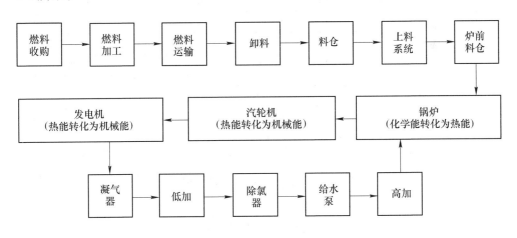

图8-9 生物质直燃发电工艺流程

对项目服务范围内农作物秸秆资源进行取样调查，生物质燃料成分分析及修正分析见表8-9和表8-10。

表 8-9 生物质燃料成分分析

项目	符号	单位	稻秆	麦秆	油菜秆	玉米秆	树皮	设计
碳	Car	%	38.36	40.25	37.96	37.85	38.38	38.78
氢	Har	%	4.98	5.26	4.91	4.61	4.08	4.71
氧	Oar	%	35.4	36.96	39.11	33.02	27.54	32.93
氮	Nar	%	0.83	0.48	0.6	1.13	0.18	0.52
全硫	Sar	%	0.15	0.15	0.49	0.16	0.03	0.11
全水	Mar	%	8.9	9.2	10	10.6	27.8	15.85
灰分	Aar	%	11.39	8.7	6.93	12.62	1.99	7.33
挥发分	Vdaf	%	80.53	80.89	81.18	83.38	72.2	77.64
低位发热量	Qnet.ar	kJ/kg	14200	14840	15020	14110	13850	14229
混合比例		%	38	22	2	1	36	—

注：麦秆、稻秆、油菜秆、玉米秆、树皮成分分析根据国家煤炭质量监督检验中心对本项目所提供的燃料分析结果。

表 8-10 燃料成分修正分析（按入炉燃料含水率 30% 折算）

项目	符号	单位	设计（30%水分）
碳	Car	%	32.26
氢	Har	%	3.92
氧	Oar	%	27.40
氮	Nar	%	0.43
全硫	Sar	%	0.09
全水	Mar	%	30.00
灰分	Aar	%	6.10
挥发分	Vdaf	%	64.59
低位发热量	Qnet.ar	kJ/kg	11836

注：本燃料分析仅用于锅炉燃烧系统辅机选型，燃料最大水分达到 30% 时的最不利工况。

本工程年发电设备利用小时数按 7200h，根据锅炉运行蒸发量，设计燃料消耗量见表 8-11。

表 8-11 燃料消耗量

燃料名称	小时耗量/t·h⁻¹	日耗量/t·d⁻¹	年耗量/t·a⁻¹
设计燃料	32.32	775.7	232700
标煤	15.69	376.67	113000

注：日利用小时按 24h 计。

8.6.2 鸡粪沼气发电项目

某县是畜禽养殖大县，蛋鸡养殖规模达到存栏量近 1000 万羽。由于长期集中养殖，且大多数养殖区家禽粪便未经处理就直接排放，对周边生态环境造成了严重污染，影响了周边居民生活和养殖业的健康发展。为解决环境污染问题，该县投资建设鸡粪焚烧发电项目。

项目规模为 120t/h 锅炉+30MW 机组，总占地面约 170 亩，总投资约 2.2 亿元，投资回收期 8.61 年，项目工艺流程如图 8-10 所示。

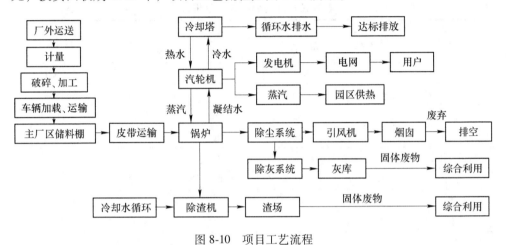

图 8-10 项目工艺流程

鸡粪样品工业分析、元素分析以及灰熔点分别见表 8-12～表 8-14。

表 8-12 工业分析

样品名称	M_{ad}	A_{ad}	V_{ad}	F_{cad}	M_t	$Q_{b,ad}$	
单位	%	%	%	%	%	J/g	cal/g
成年鸡	6.91	37.31	50.35	5.43	54.95	8081	1932
幼鸡	23.67	21.77	49.79	4.77	72.38	11271	2695

表 8-13 元素分析 （%）

样品名称	Ca_d	Ha_d	Na_d	$S_{t,ad}$	O_{ad}	SiO_2	Al_2O_3
成年鸡	18.85	1.11	1.48	0.35	33.99	26.32	3.18
幼鸡	21.52	1.86	1.81	0.3	29.07	39.24	3.7

样品名称	Fe_2O_3	CaO	MgO	K_2O	Na_2O	Cl	
成年鸡	1.11	41.81	7.08	8.98	1.88	0.07	
幼鸡	10.33	15.11	8.17	10.96	2.64	0.027	

表 8-14　灰熔点　　　　　　　　　　　　　（℃）

样品名称	DT	ST	HT	FT
成年鸡	1311	1463	1477	1498
幼鸡	1130	1174	1255	1305

　　本工程燃料以养殖废弃物（鸡粪、稻壳混合物）为主，秸秆及林业废弃物为辅，混合比例为 5 : 2 : 3。参考同类项目的燃料检验报告，本工程设计混合燃料成分分析数据见表 8-15。

表 8-15　混合燃料成分分析数据

检测项目	单位	收到基			设计燃料
		养殖废弃物	秸秆	林业废弃物	
混合比例	%	50	20	30	100
全水分	%	35.10	25.00	41.50	35.00
灰分	%	13.32	11.56	9.16	11.72
挥发分	%	41.48	51.65	47.30	45.26
低位发热量	MJ/kg	9.18	10.03	9.55	9.46
全硫	%	0.79	0.05	0.03	0.41
碳	%	28.67	22.48	27.41	27.05
氢	%	3.70	3.06	3.03	3.37
氮	%	3.42	0.76	0.95	2.15
氧	%	26.44	22.78	18.66	23.37

　　本工程年发电设备利用小时数按 7200h，根据锅炉运行蒸发量，设计燃料消耗量见表 8-16。

表 8-16　燃料消耗量

燃料名称	小时耗量/t·h⁻¹	日耗量/t·d⁻¹	年耗量/t·a⁻¹
设计燃料	33.6	806.4	241900
标煤	10.8	259.2	77800

注：日利用小时按 22h 计。

生物质燃料乙醇制备技术

9.1 生物质燃料乙醇的发展现状

9.1.1 生物质燃料乙醇的定义及性质

9.1.1.1 生物质燃料乙醇的定义

燃料乙醇（Fuel ethanol）是指未加入变性剂，可用作燃料、部分或全部替代化石燃料（汽油、柴油等）的无水乙醇。它可以作为汽油的增氧剂，提高汽油的抗爆性能。生物质燃料乙醇则是以农作物废弃秸秆、枯枝落叶等木质纤维素材料，或以玉米、甘蔗等淀粉类与糖类材料为原料生产得到的燃料乙醇。燃料乙醇中加入变性剂，变性剂添加比例（100∶2）~（100∶5），之后以一定比例与汽油混合，可用作车用乙醇汽油。中国车用乙醇汽油国家标准规定10%的车用乙醇汽油含水量应低于 0.15%；密度应控制在 0.789 ~ 0.792g/cm³ 范围内（20℃室温下）；同时规定乙醇中不得人为添加其他含氧类化合物，中国变性燃料乙醇及车用乙醇汽油国家标准见表9-1。

表 9-1　中国变性燃料乙醇及车用乙醇汽油国家标准

指标 类型	乙醇体积分数/%	每 100mL 所含溶剂胶质/mg	水分体积分数/%	硫含量 /mg·kg⁻¹	甲醇体积分数/%	铜含量 /mg·L⁻¹	铁含量 /g·L⁻¹
车用乙醇汽油	10.0±2.0	≤5.0	≤0.2	≤0.015	≤0.5	—	≤0.010
变性燃料乙醇	≥92.1	≤5.0	≤0.8	≤0.003	—	≤0.08	—

9.1.1.2 生物质燃料乙醇的性质

与传统汽油相比，燃料乙醇具有诸多优良的燃烧特性。具体表现为高辛烷值、高燃烧界限、高火焰传播速度等。燃料乙醇不仅可作为优良的燃料添加剂，亦可作为汽油机、柴油机等发动机的代用燃料。总的来说，燃料乙醇的具体用途有如下两种：其一是作为汽油、柴油等燃油的"增氧剂"，改善燃料的燃烧水平，燃料乙醇的添加可使得燃油的内氧增加，使燃烧更加充分；其二是作为内燃机材料，部分或全部代替汽油等燃油作为清洁燃料使用。高辛烷值的燃料乙醇可作为防爆剂，大大减少汽油等化石燃料燃烧而带来的环境污染问题；燃料乙醇的使用亦可降低原油冶炼过程中产生的芳烃、烯烃含量，从而降低炼油厂的改造费用。更重要的是，以生物质作为生产原料而得到的燃料乙醇，在继承上述燃料乙醇优良特性的同时，实现了太阳能到生物能到化学能再到太阳能的无污染闭路循环。

9.1.2　生物质燃料乙醇的研究现状

燃料乙醇一直是近年来各国的研究热点。据报道，2016年全球生物燃料的生产总量约为14610万吨，其中燃料乙醇的生产总量占比达54%。国际能源署推测，2050年全球交通运输用液体燃料使用量将超过2.75亿吨，其中以生物质燃料乙醇的使用为主。美国、巴西、中国是燃料乙醇的生产与推广大国。据报道，2012年，美国燃料乙醇的生产总量为4027万吨，占北美洲及中美洲燃料乙醇生产总量的96.6%。美国也是最早推广燃料乙醇的国家之一，燃料乙醇的生产历史已近百年，至2012年，整个美国燃料乙醇生产厂已增至211座。作为燃料乙醇第一大生产国，自2001年起，美国政府就开始实施燃料乙醇生产鼓励政策，这也极大地推广了为燃料乙醇在该国的发展。巴西作为燃料乙醇第二大生产国，是全球唯一不使用纯汽油作为燃料的国家。据报道，2011年，巴西燃料乙醇的生产总量为1665.2万吨，占全球燃料乙醇生产总量的25%。自1975年起，燃料乙醇在巴西的推广已有40余年，整个巴西拥有燃料乙醇生产企业更是超过了400多家。巴西燃料乙醇的成功得益于灵活燃料汽车的开发，此类型燃料汽车的利用可实现经济发展与环境保护的双赢。

近年来，燃料乙醇在中国的发展极为迅速。2005～2010年间，中国燃料乙醇的总消耗量从102万吨增加至180万吨。据报道，2015年，中国燃料乙醇的消耗量达到了256万吨。燃料乙醇在中国的发展也得到了政府的大力支持，"十一五"期间颁布的《可再生能源法》和"十二五"期间印发的《可再生能源发展规划》均在一定程度上推动了燃料乙醇在我国的发展。考虑到第一代生物质燃料乙醇的生产原料主要为粮食作物等淀粉质与糖类原料，生产成本巨大，为了保障充足的燃料乙醇生产原料，同时兼顾人均粮食需求量，《可再生能源中长期发展规划》中明确规定，应合理利用非粮生物质类原料代替粮食原料生产第二代燃料乙醇，同时强调不再增加第一代燃料乙醇的生产量，从而实现生物质燃料乙醇的总利用量达到1000万吨的最终目标（2020年）。在国家的大力支持下，众多企业诸如中粮生化能源、中国首钢集团等均积极开展生物质燃料乙醇的示范项目，同时国内诸多企业诸如中国石化、华立集团等也在积极寻求与国外大型生物质燃料乙醇生产企业的合作。Ethanolrfa发布的2007～2015年间世界燃料乙醇总产量及其同比增长变化情况如图9-1所示。

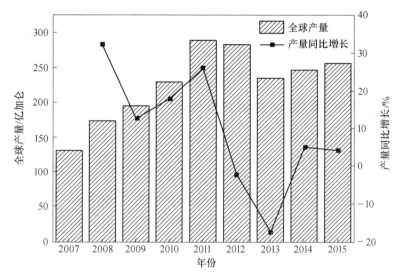

图 9-1　2007~2015 年间世界燃料乙醇产量及同比增长变化情况

9.2　生物质燃料乙醇的生产原料

9.2.1　第一代生物质燃料乙醇生产原料

第一代生物质燃料乙醇的生产原料主要为粮食作物等淀粉类、糖类生产原料。其中，淀粉类生产原料主要包括玉米、小麦等谷类原料，以及马铃薯、甘薯等薯类原料。淀粉类生产原料的共同特点是原料内淀粉含量较高。糖类生产原料主要包括甘蔗、甜菜等糖分含量较高的作物。

9.2.1.1　淀粉类生产原料

淀粉类生物质燃料乙醇生产原料中使用较为广泛的为玉米原料。玉米中淀粉含量超过 70%、亩产量较高，且其在世界范围内分布广泛，南北半球均有种植，故被广泛应用于生物质燃料乙醇的生产。然而，随着世界人口的增加，人均粮食需求量不断增加，利用谷类原料生产生物质燃料乙醇也逐渐受到限制，尤其对于粮食总产量较少的国家或地区。

9.2.1.2　糖类生产原料

糖类生物质燃料乙醇生产原料中使用较为广泛的为甘蔗原料。甘蔗属多年生禾本科作物，在北纬 10°~23°范围内均有种植。甘蔗中糖分含量较高的甜料蔗常被用来生产生物质燃料乙醇。作为甘蔗的盛产国，巴西一直是糖制生物质燃料乙醇发展较为成功的国家之一，对世界生物质燃料乙醇的发展有着重要的推动作用。为了提高甜料蔗的燃料乙醇产率，美国学者 Alexander 于 20 世纪 70 年代后期成功培育出高产的能源甘蔗。能源甘蔗不仅可作为生物质燃料乙醇的生产原料，高糖分含量的特点也使其成为甘蔗生产的优育种。

9.2.2 第二代生物质燃料乙醇生产原料

鉴于第一代生物质燃料乙醇生产原料的争议性，第二代生物质燃料乙醇主要选择农业废弃物、枯枝落叶、林木采伐剩余物等非粮木质纤维素材料作为生产原料。木质纤维素主要由纤维素、半纤维素、木质素组成，纤维素构成了木质纤维素的基本骨架，半纤维素通过氢键作用紧密覆盖于纤维素表面，而木质素则通过共价作用与纤维素与半纤维形成紧密的连接。此外木质纤维素中还包含 25%～30% 的果胶、灰分等物质。木质纤维素的基本结构如图 9-2 所示。

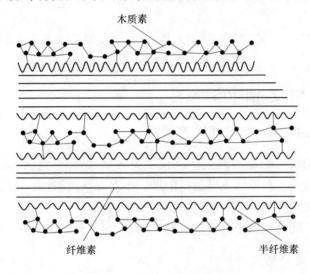

图 9-2　木质纤维素基本结构

9.3　生物质燃料乙醇发酵微生物

生物质生产燃料乙醇的过程中需要发酵微生物的参与，自然界中存在诸多可分解糖分并产生燃料乙醇的微生物，主要包括酵母菌和细菌两大类。酵母菌中主要用于发酵的菌种有酿酒酵母、管囊酵母、树干毕赤酵母等。细菌中主要用于发酵的菌种有高温厌氧细菌、絮凝性细菌和运动发酵单胞菌等。在选择最适微生物生产燃料乙醇的过程中，应优先选择具有繁殖速度快、发酵性能强、抗菌能力好、耐酸碱、耐高糖以及耐乙醇等特点的微生物。目前发酵所用主要菌种及其具体发酵性能如下所述。

9.3.1　发酵用酵母菌种

酿酒酵母（Saccharomyces cerevisiae）是发酵过程中最常用的菌种。传统的酿酒酵母具有较强的对环境胁迫的耐受能力，其细胞直径约为 5~10μm，呈卵形或球形，菌落形态较为平坦，有光泽。发酵过程中，酿酒酵母通过转化单糖诸如葡萄糖、蔗糖等将糖分转化成燃料乙醇。然而，该酵母只能利用己糖为主要碳源生产生物质燃料乙醇，难以利用半纤维素分解后产生的主要单糖—戊糖（主要为木糖）进行发酵，因而造成水解后原料的大量损失。如何发展可完全利用木质纤维素降解产物的酿酒酵母，从而降低生物质燃料乙醇的生产成本，也是酿酒酵母在生物质燃料乙醇生产过程中的应用瓶颈所在。

此外，管囊酵母（Pachysolen tannophilus）和树干毕赤酵母（Pichia stipitis）也是生物质燃料乙醇工业化生产过程中较为常用的酵母菌种。然而，上述两种酵母菌种的发酵速率及对乙醇发酵过程中产生的发酵产物的耐受能力均远低于酿酒酵母，其工业化的应用仍需要进一步的研究。

9.3.2　发酵用细菌菌种

运动发酵单胞菌（Zymomonas mobilis）是生物质燃料乙醇生产过程中应用较为广泛的一种运动性杆状细菌，该菌种属革兰氏阴性菌，对乙醇、葡萄糖和发酵过程中产生的抑制性物质有极强的耐受能力，其菌落形态呈规则、不透明状。运动发酵单胞菌具有高效的乙醇发酵酶系统以及其特有的葡萄糖降解途径，部分菌种的生物质燃料乙醇产率甚至高于酿酒酵母。然而，该菌种的发酵底物较为单一，仅能利用葡萄糖、果糖等己糖为主要碳源生产生物质燃料乙醇，难以利用半纤维素分解后产生的主要单糖——戊糖（主要为木糖）进行发酵，且发酵需在强碱性条件下进行，多副产物的产生也使得发酵液中乙醇的提取较为困难。故相较于酿酒酵母的使用，该菌种在工业上的应用相对较少。

大肠杆菌也被认为是生物质燃料乙醇生产过程中具有潜在应用价值的细菌菌种之一，其细胞中含有木糖发酵所需的酶系。然而大肠杆菌中乙醇发酵所需酶系的活性较低，因而，其最终产物复杂，难以得到较为纯净的高浓度乙醇，且大肠杆菌发酵时，对发酵液 pH 值要求较为严格，菌种较为敏感，易受周围环境中杂菌的污染，耐受能力较差等，均使得其工业化推广较为困难。

9.3.3　发酵用菌种的选育

为了提高生物质原料的转化率，并最终获得高乙醇产率，研究者们构建了大量的工程菌株。这些工程菌株能综合发酵菌株的多种优良特性，诸如发酵底物种类多、耐高温、耐酸碱、生产效率高等。主要的菌种选育方法包括基因工程育种、诱变、筛选育种等。

目前，基因工程育种主要应用于酿酒酵母、运动发酵单胞菌等发酵菌种的改造，用于打破此类菌株对发酵底物应用的专一性，从而提高其木糖转化率，并提高最终生物质燃料乙醇的生产效率。基因工程育种的主要途径为外源优良基因的引进，或对目标发酵菌株基因的修饰。研究表明，通过基因工程将木糖发酵相关基因引入到运动发酵单胞菌中，可有效提高运动发酵单胞菌的木糖利用率，最终将乙醇的产率提高至理论产率的86%。

诱变、筛选育种主要应用于耐酸碱、高温和高浓度乙醇等酵母菌种的选育。此类菌种的应用可大大减少发酵过程中的能源投入，节省运行成本以及设备投资，对最终乙醇产率的提高意义重大。

9.4 生物质燃料乙醇发酵原理及工艺流程

9.4.1 生物质燃料乙醇生产方法

生物质燃料乙醇的生产方法主要包括化学催化合成法（非发酵法）以及微生物发酵法等。

9.4.1.1 微生物发酵法

微生物可通过自身复杂的生理、生化反应代谢可发酵性的糖类（主要为单糖或双糖物质），使其转变成为生物质燃料乙醇。其中，酵母细胞主要通过EMP途径分解预处理阶段产生的葡萄糖等己糖，得到产物乙醇并产生ATP，用于供应自身生长所需能量。其他糖类则需要通过更加复杂的代谢途径产生乙醇以及其他代谢产物。葡萄糖到生物质燃料乙醇的理论转化率为0.51g/g，由于木糖转化过程中会产生大量的副产物，理论转化率相对较低，仅占葡萄糖转化率的90%。

9.4.1.2 化学催化合成法

由葡萄糖经转化，生成5-羟甲基糠醛等呋喃类中间体，或酮类中间体，转化生成的中间体经催化剂诸如氯化铬、铜、钌等的催化氢解作用得到燃料乙醇。与传统的工业乙醇生产方法相比，化学催化合成法中燃料乙醇的生产原料广泛，包括污泥、固体废弃物，非粮木质纤维素生物质等。

9.4.2 生物质燃料乙醇的生产过程

9.4.2.1 玉米原料生产生物质燃料乙醇的工艺流程

玉米属于淀粉类生物质生产原料，在与微生物作用前，玉米原料首先需进行粉碎、糊化、液化等前期预处理，后经糖化过程，淀粉质成分被水解为单糖，并与微生物接触发酵最终生成生物质燃料乙醇。发酵液中产生的生物质燃料乙醇可通过蒸馏、萃取等过程提取。玉米原料生产生物质燃料乙醇的一般工艺流程如图9-3所示。

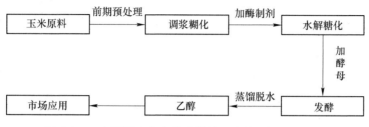

图 9-3　玉米原料生产生物质燃料乙醇的一般工艺流程

上述所示的玉米基原料生产生物质燃料乙醇工艺中，需要对原料进行调浆糊化处理，且糊化液需单独进行糖化处理以提高乙醇发酵率。调浆糊化以及水解糖化过程是此原料生产生物质燃料乙醇的重要耗能阶段，其能耗值占整个乙醇生产过程的30%~40%。基于此种现状，生料发酵技术得以发展。生料发酵过程中，原料无需进行调浆糊化，以及独立糖化处理，而是将原料与发酵微生物直接加水混合，使之同时进行糖化、发酵产生物质燃料乙醇。通常用到的玉米生料为脱胚芽玉米粉，淀粉质量分数70%~75%。将玉米粉与一定量的发酵微生物、水解酶以及蒸馏水置于发酵罐中，调节发酵罐中的pH值、温度等理化指标，使之同步进行水解发酵工序，再经精馏过程，得到较为纯净的无水生物质燃料乙醇。

9.4.2.2　甘蔗原料生产生物质燃料乙醇的工艺流程

甘蔗原料是已有生物质燃料乙醇生产原料中可发酵量最高的大田作物，属于糖类生物质生产原料。生物质燃料乙醇在生产过程中用到的甘蔗原料通常为甘蔗压榨得到的甘蔗汁。甘蔗经机械切割，压榨，过滤后可得到甘蔗汁。获得的甘蔗汁糖质量分数约为14.5%，可直接添加至酵母孵育罐和乙醇发酵罐进行单浓度双流加乙醇发酵，甘蔗原料生产生物质燃料乙醇的生产工艺流程如图9-4所示。

与淀粉质生产原料相比，甘蔗可利用率较高，且甘蔗作生物质燃料乙醇的生产原料时，无需进行诸如调浆液化、糖化等过程，可直接进行甘蔗汁发酵产生物质燃料乙醇操作。此类生产原料的应用可大大缩短生物质燃料乙醇的发酵周期，同时降低蒸煮以及糖化阶段所产生的额外能量消耗。同时，甘蔗发酵过程中产生的蔗渣等副产物可回收利用，投入到造纸或燃烧发电行业。连续发酵工艺的运用，也可大大提高甘蔗发酵过程中设备的利用率，且对提高设备自动化运用具有明显的助力效用。然而，甘蔗汁进行发酵之前需要进行抑菌处理，以防止蔗汁提取过程中引入的杂菌对后期发酵微生物生长发酵的影响。

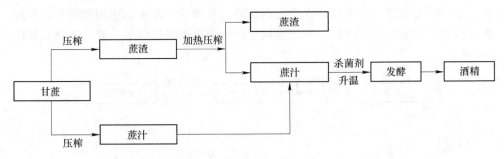

图 9-4　甘蔗原料生产生物质燃料乙醇的生产工艺流程

9.4.2.3　木质纤维素原料生产生物质燃料乙醇的工艺流程

木质纤维素生产原料诸如农作物秸秆等的利用可实现废弃物的资源化，同时其利用也减少了生物质燃料乙醇生产对粮食作物的依赖。作为农作物生产大国，价格低廉、储量巨大、环境友好型的秸秆类木质纤维素在我国生物质燃料乙醇生产中的应用意义巨大。木质纤维素生物质燃料乙醇的生产过程主要包括原材料的预处理阶段，预处理产生混合浆液的酶解阶段，以及酶解最终产生糖类的发酵与乙醇蒸馏阶段等。木质纤维素原料生产生物质燃料乙醇工艺流程如图 9-5 所示。

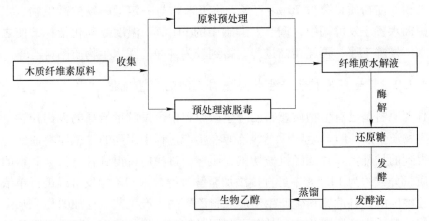

图 9-5　木质纤维素原料生产生物质燃料乙醇的生产工艺流程

A　预处理阶段

木质纤维素由纤维素、半纤维素、木质素等大分子物质通过复杂的成键方式组合而成。预处理阶段是木质纤维素原料生产生物质燃料乙醇的重要工序，它在去除木质素对纤维素与半纤维素的包裹，打破纤维素结晶结构，最终提高木质纤维素原料水解产糖率，获得高转化率的生物质燃料乙醇至关重要。预处理方法主要包括物理法、化学法及生物法，常见的预处理方法及主要功能见表 9-2。

表 9-2　常见的预处理方法及主要功能

预处理方法	主 要 功 能
机械粉碎	降低纤维素结晶度，增加水解酶与纤维素、半纤维素接触面积
高压蒸汽爆破	增加木质纤维素原料孔隙率及内孔面积，去除半纤维素结构
稀酸	增加木质纤维素原料孔隙率及内孔面积，去除半纤维素结构
碱	去除半纤维素、木质素结构，增加木质纤维素原料孔隙率及内孔面积
微波射线	降低纤维素结晶程度，增加木质纤维素原料孔隙率及内孔面积
生物	降解木质素，释放纤维素、半纤维素组分，提高还原糖产率

B　预处理液脱毒阶段

预处理过程中会产生大量的发酵抑制物，主要包括酚类、呋喃类以及弱酸类等，这些抑制物会严重破坏微生物细胞膜的通透性，影响其正常生长代谢，甚至改变原微生物细胞正常的营养利用方式，致使细胞发生突变，最终导致发酵乙醇产率严重下降。为减轻预处理产生的抑制物对微生物发酵的影响，生物质燃料乙醇的生产过程中往往会增设预处理混合液的脱毒处理阶段。常见的脱毒方法主要包括物理脱毒法、化学脱毒法、生物脱毒法等。其中，物理脱毒法的主要功能是通过萃取剂或吸附剂的作用，分离去除预处理混合液中的发酵抑制物；化学脱毒方法的主要功能则是通过氢氧化钙等化学药剂的添加，过滤去除预处理混合液中形成的发酵抑制物与氢氧化钙钙盐沉淀；而生物脱毒法的主要功能则是通过微生物自身的代谢作用或微生物产生酶系的降解作用，去除预处理混合液中的发酵抑制物。不同的预处理方法各有其优缺点，如物理脱毒法以及化学脱毒法可能会造成新污染物的引入，生物脱毒法的脱毒效果受微生物自身生长因素的影响。具体脱毒方法的选择可根据生产原料以及水解液中主要抑制物的种类等进行选择。

C　水解阶段

预处理后木质纤维素结构中的纤维素以及半纤维素组分被释放至原料处理液中，为了发酵的正常进行，后续阶段需进行纤维素以及半纤维素组分的进一步水解，其目的是生成简单可发酵性糖类，用于酵母等微生物自身代谢产生物质燃料乙醇。常见的水解方法主要包括浓酸水解法、稀酸水解法以及酶水解法等。浓酸水解法可溶解结晶纤维，使之转化成低聚糖，再经适当的稀释加热处理，得到较高收率的单糖。为了进一步提高木质纤维素糖产率，可进行二次水解操作。研究表明，低温浓酸水解法对纤维素和半纤维素的转化率高达90%。然而，为了使水解操作的经济高效，常需要进行浓酸的回收再利用。稀酸水解法也常被用来水解预处理后得到的纤维素与半纤维素混合液，用于简单糖类的生产。与浓酸水解法相比，稀酸水解法无需进行回收操作。反应速率快，可进行连续生产过程。但稀酸水解法对反应条件诸如温度、压力等要求较高，且反应过程中产生的水解副产物较多。酶水解法主要是利用纤维素酶等酶系的作用将木质纤维素当中的纤维素降解成葡萄糖等单糖结构，用于后续进一步发酵产生物乙醇。与酸水解相比，酶水解的条件较为温和，水解只需在常温下进行，无需额外添加化学药剂，且水解操作在弱酸性条件下进行，对设备腐蚀性较小，水解二次产物也相对较少。然而，酶水解法中，仍存在酶量不足、水解周期较长、成本较高等问题，其工艺仍需要更进一步的优化。

D　发酵阶段

生物质燃料乙醇生产过程中最重要的阶段为糖类发酵产乙醇阶段。发酵所用糖类主要有葡萄糖、果糖等己糖，少数微生物可以代谢木糖等戊糖产生物质燃料乙醇。不同种类的木质纤维素原材料，微生物发酵所利用的单糖种类不同。生物质燃料乙醇的发酵过程主要分为发酵前期、发酵中期和发酵后期等三个阶段。

（1）发酵前期：发酵罐中微生物数量较少，微生物对外界环境较为敏感，此时，需要严格控制发酵液温度、pH 值等理化属性。由于前期酵母细胞较少，发酵罐中营养物质以及溶解氧含量相对较高，故前期微生物生长速率较快，微生物可进行快速繁殖。前期发酵阶段，发酵进行较为缓慢，生物质燃料乙醇产量以及菌种数量相对较少，同时二氧化碳等副产物也相对较少，可通过适当提高发酵接种量来缩短发酵前期周期。

（2）发酵中期：发酵液中微生物大量繁殖，微生物数量达到最大，此时发酵液中养分以及氧气被大量消耗，菌种处于厌氧发酵阶段，发酵液中温度也随之增加。发酵最适温度为 30~34℃，发酵温度过高或过低均会影响微生物的正常生长与工作，为了发酵的高效进行，需要使用适当的冷却手段。发酵中期一般持续 12H 左右，若发酵液中糖分含量较高，应适当延长发酵中期的时间，以确保所有糖分均被高效的利用，并转化成生物质燃料乙醇。

（3）发酵后期：发酵液中营养物质以及溶解氧被大量消耗而处于稀缺阶段，此时发酵液中仅存在少量糖分可供发酵微生物自身生长以及代谢发酵所用，微生物发酵速率较慢。发酵后期发酵微生物增殖速率也随之下降，发酵液温度下降，为了维持发酵的正常进行，应控制发酵液温度使微生物处于正常发酵水平。

E　乙醇蒸馏阶段

发酵过程的最后工序是对生物质燃料乙醇的蒸馏。通常将乙醇与混合液中其他组分的分离过程，称为乙醇的蒸馏过程。乙醇蒸馏的原理是基于发酵所得乙醇混合液中各组分的沸点不同，从而实现乙醇的分离与纯化。乙醇蒸馏过程主要包括粗蒸馏阶段与精蒸馏阶段。粗蒸馏阶段得到的乙醇浓度通常较低。相反，精馏阶段得到的乙醇浓度较高。精馏过程可分离发酵混合液中较难分离的组分，精馏后得到的乙醇浓度可达到95%左右。常见的乙醇蒸馏方法主要包括共沸脱水法以及吸附法等。共沸脱水法需要向发酵液中加入苯、乙醚等共沸剂，其目的是形成乙醇-水-共沸剂的三元恒沸物，由于三元共沸物与单组分乙醇或者水之间的沸点差异较大，故可通过蒸馏技术实现乙醇的分离纯化。吸附法则是通过向乙醇与水的混合物中投加吸附剂，通过吸附剂的吸附作用实现乙醇与水的分离。常见的吸附剂主要有硅胶、分子筛、硅胶等。分子筛是上述吸附剂中性能较为优异的一种，其具有极强的热稳定性，且力学性能良好，通常作为乙醇蒸馏中的定向吸附剂使用。

10 栽培基料化利用技术

10.1 技术概念与原理

生物质资源的综合利用主要包括燃料化利用、肥料化利用、饲料化利用、基料化利用和原料化利用等五个方向。其中基料化利用技术是指以农村生物质（秸秆、禽畜粪便等）为主要原料，经过一定的加工处理后形成的有机固体栽培基质，可以为动物、植物及微生物的生长提供一定营养物质和良好条件。生物质基料化的简易流程如图 10-1 所示，基料化技术大多用于食用菌培养。食用菌是一类营养丰富、具有保健作用、味道鲜美的大型真菌，如香菇、木耳、银耳、猴头菇等，部分食用菌实物图如图 10-2 所示。食用菌含有丰富的蛋白质和氨基酸，其质量分数一般是蔬菜和水果的几倍到几十倍，如鲜蘑菇的蛋白质质量分数为 8.5%，而白萝卜只有 0.6%，大白菜只有 1.1%，同时人类对食用菌的吸收率也较高，可以达到 75%，而对大豆类蛋白质的吸收利用率只有 43%。

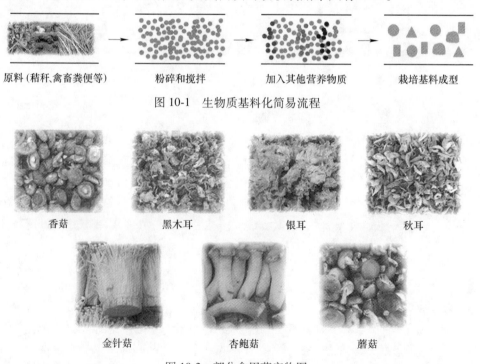

原料（秸秆、禽畜粪便等）　　　粉碎和搅拌　　　加入其他营养物质　　　栽培基料成型

图 10-1　生物质基料化简易流程

香菇　　　　　黑木耳　　　　　银耳　　　　　秋耳

金针菇　　　　　杏鲍菇　　　　　蘑菇

图 10-2　部分食用菌实物图

生物质原料可用于食用菌培养的原理在于，生物质中诸多组分，包括纤维素、半纤维素、木质素、蛋白质、油脂（脂肪酸）、矿物质元素等，都有利于特定食用菌的成长和繁殖。例如植物纤维（纤维素、半纤维素和木质素）提供了食用菌生长繁殖的主要碳源，在菌丝分泌胞外酶和其他水解酶的水解作用下，可以将植物纤维分解成葡萄糖，供食用菌快速有效吸收利用。不同生物质原料，纤维素、半纤维素和木质素所占比例有所不同，也会导致食用菌成长快慢和质量有所差异。生物质中蛋白质也会被蛋白水解酶分解成氨基酸供食用菌吸收利用，但部分食用菌所需要的氨基酸种类，无法由蛋白质分解得到，此时就需要补充加入一定量的氮源，并调节至合适的碳氮比，以保证菌类的生长。油脂是多种食用菌菌丝相对容易利用的碳源，对栽培基料有一定的弥补养分和调节碳氮比的作用。而矿物元素的存在，弥补了食用菌的生长发育过程中所必须的微量元素，这些元素可以更好地促进食用菌细胞和酶的新陈代谢、调节渗透压等，从而使得食用菌成长速度加快，质量也更好。当然也存在着部分不利物质，生物碱、萜类、农药残留物等，会危害细胞的活性，从而不利于大部分食用菌的成长，对于部分特定的食用菌可以起到促进作用，通常生物质栽培基料需要去除这些物质，保证食用菌良好的生长和繁殖。

10.2 技术发展历史和特点

10.2.1 发展历史

食用菌栽培的历史十分悠久，东方古代文献中都有关于菌种栽培的记录。中国早在唐代就有关于种菌法的记录，韩鄂所著的《四时纂要》中有对菌种的种植方法进行描述，其"种菌子"的一段："取烂构木及叶，于地埋之。常以泔浇令湿，两三日即生"。又法："畦中下烂粪，取构木可长六七尺，截断碰碎。如种菜法，于畦中匀布，土盖。水浇长令润。如初有小菌子，仰杷推之，明旦又出，亦推之。三度后，出者甚大，即收食之"。该法明确的说明的菌种的种植方法，包括基质、菌种、温度和时间控制。公元七世纪，木耳的栽培方法开始被提出，唐代苏恭所著《唐本草注》中记载到："桑、槐、楮、榆、柳，此为五木耳，…煮浆粥，安诸木上，以草覆之，即生蕈耳。"；800年前，香菇栽培技术诞生并传播，吴三公发明了砍花香菇栽培法，进而又衍生了"敲木惊蕈"促菇技术；随后年间，草菇等不同菌种栽培技术也开始被提出和完善。如今，这已成为继粮、果、菜之后中国的第六大种植产业，可供人工培植的有一百种，用于商品化的有五十多种，可形成规模化的有20多种。

国外也很早就开始了菌种种植，在1600年，法国就实现了双孢蘑菇的人工栽培，但是栽培效果不佳，无法达到预产量。1905年，Duggarr研发出了双孢蘑菇的菌种纯培养方法，1932年，Sinden进一步研发出了双孢蘑菇谷粒种的菌种制作技术，使得菌种产量和质量开始提高，稳定了产业的持续发展。日本在20世纪50年代后期，开始发展期菌种栽培技术，以香菇段木栽培技术为先导，并于20世纪70年代初研发出了木腐菌栽培技术，随后不断进行改进和完善。目前，种植蘑菇的国家和地区已达120多个，发现能食用的菌类有两千余种。国内外食用菌栽培技术的发展历史如图10-3所示。

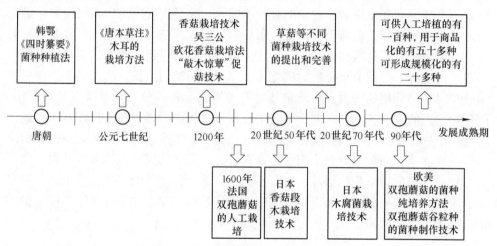

图 10-3　国内外食用菌栽培技术发展历史

10.2.2　技术特点

生物质用于食用菌的栽培技术，不仅可以带来经济效益，也可以带来社会效益和生态效益：

（1）经济效益：食用菌生产作为中国农村地区经济发展中最具活力的新兴产业之一，不仅给农民带来了收入，也增加了国家财政税收和出口创汇等。食用菌栽培是我国许多地区经济发展和农户脱贫致富、增收、奔小康的首要选择，一些野生菌种如松茸和干巴菌等所创收入可占据农村家庭总收入的1/3。

（2）社会效益：食用菌营养丰富，富含高蛋白、氨基酸、低脂肪、低糖、多维生素，不仅味道鲜美，而且药用价值高，可以改善居民饮食结构，增强居民身体体质，如灵芝，对心脑血管疾病和癌症等病具有一定的预防和治疗效用，同时也可以美容养颜。在食用菌资源和种类丰富的旅游业地区，可以吸引更多游客前来品尝，促进旅游产业。

（3）生态效益：农村有着丰富的秸秆、禽畜粪便等生物质资源，但有相当一部分未被充分利用，造成了资源浪费，而且农村不合理的处理方式，如就地焚烧、丢弃，都会造成环境污染问题的发生。而用于食用菌栽培不仅可以收获经济效益，也有利于环境保护，残留的菌渣也是土壤培肥的好原料，可以维持土壤团粒结构。

10.3　技术分类与应用现状

10.3.1　秸秆食用菌栽培技术

　　麦秸、稻草等秸秆含有丰富的纤维素，跟禽畜粪便等进行一定比例的混合，可用以栽培草腐生菌类，如双孢蘑菇和草菇等，也可用以栽培平菇和黑木耳等。

10.3.1.1　双孢蘑菇和草菇

　　双孢蘑菇和草菇的栽培步骤如图 10-4 所示。

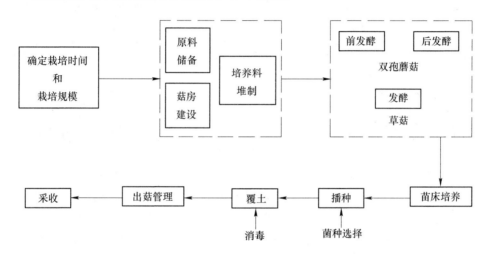

图 10-4　双孢蘑菇和草菇的栽培步骤

　　A　栽培时间和规模的确定

　　双孢蘑菇：发菌期间，可以控制菇房温度为 22~26℃，蘑菇生长期间，可以控制菇房温度为 16~18℃。

　　草菇：无加温设施情况下，可以在 5~9 月进行栽培，要求日平均气温达到23℃以上；若有加温设施，控制室内温度为 28~32℃，可以实现全年生产。规模可以根据需求和经济来决定。

　　B　菇房建设或场地选择

　　可以根据实际情况来选择不同的栽培模式，双孢蘑菇可以选择床架层式栽培模式、地栽模式等，草菇主要有室外畦式栽培模式和室内床架式栽培模式。

　　C　原料储备与常用配方

　　双孢蘑菇：根据不同的秸秆类型和辅助材料，培养料配方可以适当改变，但初始培养料中的营养物质含量有着一定的要求，碳氮比应为（30~33）∶1，若无粪便添加，含氮量宜在 1.5%~1.7%，若有粪便添加，含氮量宜在 1.6%~1.8%。

草菇：主要秸秆原料可以选择干燥、无霉烂的单季晚稻或连作晚稻草。根据相应配方和生产规模，收集适量的石灰、麦麸、干牛粪、过磷酸钙等辅助原料进行配置培养料。

D 培养料的预处理

双孢蘑菇培养料预湿：一般选用储备了一年的晚稻草，在建堆前一天进行预湿。即将稻麦草进行碾压或对切，长度宜在 30cm 左右，而后摊在地面上，撒上石灰，用水进行反复喷洒，使草料湿透。

草菇培养料预湿：预先调制好 2% 的适量石灰水，投加入相应容器中，然后将稻草浸入浸泡 3~6h，湿透后即可捞出，拌入其余辅料，在地面制成草堆并覆盖上薄膜，使水分相互渗透均匀。

E 发酵

双孢蘑菇：一般为前发酵、后发酵两种。前发酵主要为预湿、建堆和翻堆三个环节，对原料进行预湿后，就可以进行建堆，即一层稻、麦草料（宽 2.3~2.5m、厚 30cm 左右），再铺一层粪肥，如此叠加，各铺 10 层左右，使得堆高在 1.5~1.8m。氮肥辅料等需要添加在堆层之间，一般在第 3~4 层后可以分层均匀加入。一般从第 3 层，需要根据草料干湿度来进行适当浇水，以建堆完成后，料堆四周有少量水流出为宜。整个前发酵过程需翻堆 3~4 次。前发酵结束后培养料颜色应为深褐色，手捏有弹性，不黏手；65% 左右的含水量、较佳 pH 值为 7.2~7.5；会有厩肥味，或伴随微量氨味。后发酵通常在清洁消毒后的菇房内进行，前发酵结束后，将培养料趁热迅速搬运至菇房内的床架上，由于后发酵温度要求，底下 1~2 层不适合铺放培养料。铺放结束后，封闭门窗，让培养料自身发热升温，大约会持续 5~6h，升温停止后就可以开始利用设备进行加温。后发酵期间的料温变化一般分两个工艺阶段：巴氏消毒阶段、控温发酵阶段。巴氏消毒阶段：对菇房和原料进行逐渐加温，控制在 10h 左右使得料温和气温均达到 58~62℃，持续 6~8h；控温发酵阶段：进行通风降温，使料温降到 48~52℃，保持该温度 4~6d。结束后，停止加温，慢慢降低料内温度，温度降至 45℃ 时可以开门窗进行通风降温。后发酵结束后的培养料颜色应为暗褐色，柔软有弹性、有韧性、不黏手；62%~65% 的含水量、较佳 pH 值为 7 左右；无氨味而有发酵香味。

草菇：将预湿后的稻草立刻铺放在菇房内的床架上，采用覆瓦式铺料方法，而后逐层淋水至每层均有水滴落，铺放厚度控制在压实后 25~30cm 为宜。然后将床架四周塑料薄膜放下，利于保温。逐渐加温至菇房内室温达到 66~75℃，中层料温达到 63℃ 左右，维持 8~10h 进行巴氏灭菌，而后停止加温让其继续发酵。

F 品种选择、播种与发菌管理

发酵结束后需要及时翻动整个料层，使得料堆、料块中的有害气体散发出去。当料温降至28℃左右时，可以将选择好的菌种进行播种。播种前应全面检查培养料的含水量，并作适当调整。

G 覆土及覆土后的管理

一般，播种20~23d后，菌丝便可长满整个料层，此时需要及时进行覆土，覆土应当经过消毒处理，厚度一般为料床的1/5。

H 出菇管理

从播种起，大约35d就进入出菇阶段，产菇期3~4个月。

I 采收与贮运

统一进行采集，贮运。

10.3.1.2 平菇和黑木耳

平菇和黑木耳的栽培步骤如图10-5所示。

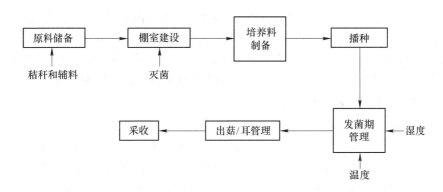

图10-5 平菇和黑木耳的栽培步骤

A 原料储备

对玉米秸秆进行收集，要求其干燥无霉变，没有遭受严重虫害，且未经长期雨淋。其他辅助配料，石灰、石膏、麸皮等也需要进行购买和收集。

B 棚室建造

棚室应建立在通风良好、向阳、水源洁净充足的平整地块上，宜用钢架结构，南北走向，大棚两端开门。根据栽培规模和场地大小来确定棚室的长宽，跨度一般推荐在10m左右。建好后，应在地面上撒1层生石灰，以防止杂菌滋生。而后将大棚密闭，使用硫黄、甲醛-高锰酸钾或二氯异氰尿酸钠熏蒸灭菌。最后，需要将有毒气体排出，以防止危害菌类的健康生长。

C 培养料制备

常用的栽培配方：平菇基料配比为玉米秸秆 30%、玉米芯 45%、麸皮 20%、豆粕 5%；黑木耳基料配比为木屑 50%、玉米秸秆粉 25%、石膏 1%、石灰 4%、麸皮 13%、豆粕 2%、玉米粉 5%。

（1）预处理：玉米秸秆原料使用前需要用粉碎机将其粉碎成屑状，并要求无其他杂质污染。

（2）配料：按照比例准备好各种原料，先将主料放入料场中，之后按顺序加入辅料，加水至培养料总量的 60%左右，进行均匀搅拌。要求配置好的培养料可以手掌紧握呈现湿印而无指间水线。

（3）装袋灭菌：将制备好的配料装袋，压紧压实后，进行高温灭菌。一般是当日装袋当日灭菌。灭菌方法可以是常压灭菌锅蒸袋，将菌料袋放入锅内，持续加热至冷气排尽，并维持高温 10~12h。停止加热后，使其自然冷却至 60℃以下，将菌料袋移入接菌室，继续冷却至室温后，进行接种。

（4）接种：选择合适的菌种，在灭菌消毒的条件下，快速进行接种。

D 发菌期管理

发菌期温度一般控制在 15~25℃。具体为，接种后 15d，控制温度在 20~22℃，15d 后控制温度在 25℃左右，培养结束前再将温度控制在 18~22℃。发菌期湿度一般控制在 65%左右，需要避光黑暗。一般每日需要 20~30min 的通风时间，发菌后期可适当增加通风时间。需及时检查菌料袋有无破损。黑木耳发菌期一般为 45~50d，平菇发菌期则一般为 20~30d。

E 出菇（耳）管理

黑木耳：菌丝长满菌袋后，将菌袋运入大棚，并用灭菌的刀片在菌袋的四周均匀的割"1"字口（0.3~0.4cm）。控制棚内湿度为 80%左右，将菌袋码 4 层或 5 层，并进行遮光处理。5~7d 后，当菌袋内菌丝封住出耳口时，即可进行挂袋。一般采用立体吊袋栽培种植模式，即 1 根吊绳上绑有 6~8 个菌袋，菌袋间距一般为 20cm，吊绳行间距一般为 25~30cm，最下面的菌袋离地应超过 50cm。可以对菌袋进行相应固定措施，防止因风摆动。挂袋前 2d 不宜向菌袋浇水，需保持棚内温度在 20~25℃，相对湿度在 90%左右，5~7d 即可出耳。当菌袋 80%以上都生长出耳芽，需早晚对其浇水，控制湿度在 90%~95%，使耳片维持伸展状态。7~10d 后，耳芽即可成熟。

平菇：菌丝长满菌袋后，将菌袋运至大棚，摆放成"井"字垛。培养 10d 左右，当菌袋分泌出黄水时，可以将其单行摆放，并适当松口。控制棚内相对湿度约 90%，增加一定散射光照形成温差刺激。5~7d 可形成原基，此时可将袋口剪掉或翻卷将其露出，并控制温度在 25℃左右。采用喷雾洒水形式维持相应湿度，使得子实体可以充分吸收空气中的水分，并要保持一定的通风。

F 采收

黑木耳：采收春耳和秋耳时要求采大留小，采收秋耳时要求大小一齐收。应将整朵子实体连同耳根一起采摘下来，并及时晒干。

平菇：当子实体有七八成成熟时，可以进行采收。应将整丛菇体切下，并及时清除料面残留的死菇和菇根。

10.3.2 桑枝食用菌栽培技术

桑枝也是我国秸秆资源之一，栽桑养蚕的主要副产物，利用桑枝条来栽培使用菌也是重要的一条发展路径。桑枝食用菌栽培技术一般分为六步，桑枝食用菌栽培技术流程如图 10-6 所示。

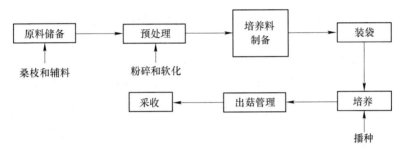

图 10-6 桑枝食用菌栽培技术流程

（1）原料储备。对桑枝进行收集，一般要求干燥无霉变。其余辅料也需要备好，如石灰粉等。

（2）预处理。粉碎：利用粉碎机将桑枝粉碎成屑状。发酵：通常有两种发酵方法，自然发酵和化学发酵。自然发酵，即将桑木屑堆放在室外，通过日晒雨淋发酵，耗时较长，一般要 3~5 个月。化学发酵，即用石灰水淋透桑木屑，并覆膜放置，耗时较短，一般仅需 10~20d。

（3）培养料制备。将储备好的原料取出来，将桑木屑和辅料分层铺放在水泥地面上，喷洒混合均匀的石灰水与微量元素的溶液，并对料面进行深翻，一般喷洒 2~3 次，接着进行拌料，一般进行 2 次，控制培养料中水分在 65% 左右，以达到手捏料指缝有水而不滴落为佳。

（4）装袋。装袋一般分为两种，机器装袋和人工装袋，人工装袋更为常用。大小一般为 24cm×44cm，装湿料重量一般为 3.0~3.25kg，以手捏有弹性感为佳，需要加上套环，以橡皮筋降膜方法进行密封。

（5）培养。选择好合适的菌种类型投加入装袋的培养料中。培养室使用前需要进行杀虫、灭菌，以防止杂菌滋生，影响菌种生长发育。然后再将菌袋及时移入培养室，进行合理摆放。控制相对湿度在 80% 以下，合理调整温度，并进行适当通风。培养期间，需定期对菌袋进行检查，以防止菌袋被杂菌感染，若有，则需要立刻清除并进行灭菌。

（6）出菇管理。菌袋菌丝长满后，就可以将其移入菇室。根据所种植菌种的不同，调节相应的温度、湿度、通风、光线等条件。

（7）采收。菌种成熟后，就可以及时采收，并处理好菌渣等。

10.3.3　沼液食用菌栽培技术

禽畜粪便为原料的沼气池的沼液，营养丰富，也是适用食用菌栽培的优质原料之一。沼液食用菌栽培技术流程如图10-7所示。

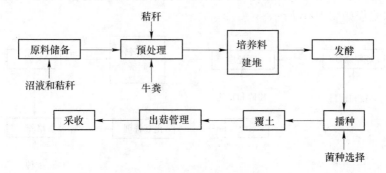

图 10-7　沼液食用菌栽培技术流程

（1）原料储备。对麦草、稻草等秸秆、玉米芯、沼液进行收集。麦秆等要求新鲜、无霉变，长度一般控制在40cm。玉米芯需要进行粉碎，使其长宽小于3cm。沼液需要排出沼渣，放入水泥池中进行自然爆气，维持1周左右。

（2）预处理。

1）麦草预处理：准备好一个长宽高为5m×3m×1m的土池，铺好塑膜，将麦草投入，进行压实，中间将60kg石灰粉逐层撒入，接着在铺层塑膜，开始加水，使得麦草浸泡在水中，持续2d，其间需注意补水。

2）牛粪预处理：将新鲜的牛粪，边晒边破碎，然后过2cm的筛。

（3）培养料建堆。

1）培养料配方：麦草或其他秸秆3000kg、牛粪干粉1500kg、沼液2000kg、过磷酸钙60kg、尿素12kg、石灰粉150kg、石膏粉40kg、轻质碳酸钙30kg、食用菌三维营养精素1400g（12袋）。

2）建堆：将预处理好的麦草取出，简单除水至不成水线。三维精素暂时不添加，其他辅料和秸秆直接建堆，一层草料加1/6之一的辅料，高约30cm，宽1~1.5m，层层叠加。从第二层开始，撒入100kg沼液，之后每层翻倍，剩余的沼液全都加至堆顶。对料堆喷洒适量的百病去无踪加敌敌畏混合液。

（4）发酵。

1) 一次发酵：自料堆建好起，在第 6d、11d 和 15d 时需要对草堆进行翻推。即先对料堆进行喷水，是边缘草料湿润，而后将内部草料翻至边缘四周，边缘的充满内部。在第 15d 翻推时，需要加入三维精素，并调节料堆 pH 值在 8 以上，含水率控制在 65% 左右。

2) 二次发酵：将一次发酵结束的基料拌匀后，立刻移入菇棚，并将菇棚密封。2d 后，可以进行加温，控制棚温、料温在 56~60℃，持续 7h 左右，之后停止加热。温度降至 50℃ 时，再度加温维持该温度，持续 5~6d。然后通风降温，温度低于 28℃ 时即可进行播种。

（5）播种。采用双层播种法。在床基上播撒菌种总量的 20%，床基两边各 10cm 左右的范围不铺料，而后铺放培养料，稍压实使其厚为 20cm 左右，再播菌种总用量的 30%。然后铺放培养料，厚约 30cm，稍压实后将剩余菌种的 2/3 播撒到料表面，翻松基料使之沉入料内，剩余菌种均匀撒在料面上，用木板压平料面。播种后，使菇棚密封，避光，保证菌种的生长。

（6）覆土。菇棚密闭 3~5d 后，即可逐渐打开通气孔，控制棚内湿度在 75% 左右。20d 左右，菌丝长满后，需要进行覆土。可用沼糠土或腐殖土材料，需经过消毒，厚度一般在 2~5cm。

（7）出菇管理。菌种的生长环境较为严格，需要控制湿度在 85%~95%，维持温度在 8℃ 以上，保证一定通风条件，而且 CO_2 浓度应维持在 0.05% 左右，不超过 0.1%，一般不需要光照，仅需操作过程中进入的光线即可。

（8）采收。当子实体直径达到 4cm，且包膜紧实、长速明显降低，即可进行采收，结束后需要清理料床。

10.4　浙江省某县食用菌循环经济模式

浙江省某县，自 2006 年开始，逐渐重视食用菌产业的发展。生物规模不断上升，从 2006 年的 20.5 万袋飞跃到 2011 年的 2210.029 万袋；种类也开始趋向于多元化，从有香菇、木耳等木腐菌向着珍稀菇种发展；各种相应企业、基地、销售公司开始成立，生产规模在 50 万袋以上的食用菌生产基地就有 6 个，带动了全县和邻近区域经济的发展，极大提高了农民的生活水平，是我国食用菌产业成功发展的典型代表。

该县拥有丰富的生物质资源，就桑园、茶园、山核桃园面积而言，占地约 $362km^2$，每年产生大量的桑枝、茶枝、山核桃蒲等原料，还有其他的秸秆资源等，这些都是栽培食用菌的优质原料。同时，它利用农林废弃资源生产食用菌，而后利用生产过程剩余的菌渣可作为优良的生物饲料和有机肥，菌渣丰富的菌体蛋白和小分子有机物增加了土地肥力，促进了粮食的生长，使得农林废弃资源的产生量增多，从而可以培养更多的食用菌，这就达到了农业有效资源的高效循环利用，形成了一种循环经济模式，物质循环示意图如图 10-8 所示。

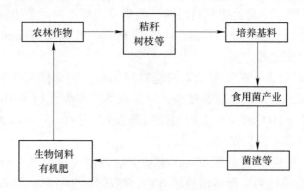

图 10-8　物质循环示意图

该县食用菌产业可以概括为三种循环经济模式，其一为"桑枝、茶枝、山核桃蒲等农林副产物-食用菌"模式，即利用茶枝、山核桃蒲等因地制宜的栽培食用菌；其二为"松杉木屑-发酵床生态养殖-食用菌"模式，即利用松杉木屑搭配一定的辅料制成有机垫料，用以发酵床生态商品猪养殖，其使用过后的残渣，经过二次发酵处理，可以用以栽培鸡腿菇、蘑菇、草菇等食用菌；其三为"废菌棒—沼气—灭菌"低碳模式，即利用栽培食用菌剩下的具有环境污染性质的菌糠、菇蒂，来作为沼气发酵原料，产出的沼气用作菌棒灭菌、生产基地日常使用。这不仅解决的环境污染问题，也实现了资源的再利用，具有显著的社会、经济和生态效益，值得学习和借鉴。

该县食用菌产业的成果离不开政策的支持和研究人员的努力，但也存在着不足之处，例如食用菌品种结构不太合理，珍稀菇类品种较少、产量也较低；相应栽培技术发展缓慢，栽培的方法相对老旧，食用菌质量差异大；管理和服务队伍也跟不上产业的发展，人才匮乏等。所以，该县仍需要加大对农村科技的投入，构建合理化产业技术平台，提高对人才的培养，从而使得食用菌产业更快速的、更健康的发展。

11 生物柴油技术

11.1 技术概念与原理

11.1.1 生物柴油的概念

生物柴油是指以植物油（如菜籽油、大豆油、花生油、玉米油、棉籽油等）、动物油（如鱼油、猪油、牛油、羊油等）、废弃油脂或微生物油脂等为原料通过酯交换或热化学工艺制成的交通运输用清洁可再生液体燃料。生物柴油是生物质能的一种，主要成分是脂肪酸甲酯，其在物理性质上与石化柴油接近，但化学组成不同。生物柴油是氧含量极高的复杂有机成分的混合物，这些混合物主要是一些分子量大的有机物，几乎包括所有种类的含氧有机物，如酯、醚、醛、酮、酚、有机酸、醇等。生物柴油具有可再生和环境友好型特点，是替代石油柴油的理想燃料之一。我国是农业大国，每年产生大量的农村废弃物，不仅造成严重的污染而且是对资源的极大浪费。利用农业废弃物中的秸秆、柴薪以及餐厨垃圾等作为生产生物柴油的原料，能为国家的节能减排计划做出巨大的贡献，对促进环境保护、提高农民收入、保障食品安全、解决国家三农问题都有一定的意义。

目前，在交通运输领域占统治地位的依然是液体燃料。液体燃料的优点是易于储存。交通燃料被分为两大类：基于原油和天然气的化石燃料和可再生资源生产的生物燃料。在许多国家，生物柴油经常按一定比例与石油柴油相混，而不是使用干净的生物柴油。值得注意的是，这些与石油柴油的混合物并不是生物柴油。B100 生物柴油是纯生物柴油，B20 含有 20% 生物柴油和 80% 石油柴油，而B5 含有 5% 生物柴油和 95% 石油柴油。当然，还有未经澄清的植物油及动物脂肪也不应该被称为生物柴油。

11.1.2 生物柴油发展的原因及潜力

随着经济的高速发展，能源紧缺日益成为阻碍社会发展的重要因素。由于对石油资源需求的高速增长，导致一些国家发动了石油战争。20 世纪 70 年代第一次石油危机爆发，西方的发达国家开始了对新能源的探索。1983 年，美国科学家 Graham Quick 首次将经酯交换反应制得的亚麻籽油甲酯成功用于柴油发动机，并将可再生的脂肪酸甲酯定义为生物柴油。生物柴油是直接或间接来源于生物的化工产品，可用于柴油机的燃料油。与由石油制备的普通柴油相比，生物柴油是一种清洁的可再生能源。

植物油、动物油及微生物油脂及其衍生物如烷基酯之所以适合作为石油柴油的替代品是因为其在性质及组成上与石油柴油具有一些相似之处，其最重要的指标体现在十六烷值上。生物柴油的十六烷值比石油柴油高，具有更好的燃烧性能。除了十六烷值外，还有其他几种性能对生物柴油适合作为石油柴油的替代品起着重要决定作用。比如燃烧热、流点、浊点、黏度、氧化稳定性、润滑性等。其中润滑性是这些特性中最重要的一点。

生物柴油具有广阔的发展前景。地球上植物的持续生长能够满足人类的主要能源需求。当然，只有一部分正在增长的生物量可以被用于能源。然而，仍有大量的生物质能源是非常适合开发的。生物质资源包括来自农林及其相关产业的原料，以及其他行业和家庭的废料。根据欧洲环境机构（EEA）的说法，在未来的几十年里，在不损害生物多样性、土壤和水资源的情况下，欧盟清洁能源的使用将显著增加。欧洲现有的潜在生物量似乎足以在对环境不造成危害的情况下实现可再生能源目标。生物质能从农业、林业和有机废物中提取，以一种环保的方式提供热量、电力和运输燃料。因此，它的使用既可以帮助减少温室气体排放，又可以实现欧洲可再生能源目标。

生物燃料相对化石燃料存在巨大的经济优势，但是直接的成本比较是困难的。与矿物燃料有关的消极效应往往难以量化，例如军事开支和环境保护费用。然而，生物燃料有可能产生许多积极的外部效应，如减少温室气体排放、减少空气污染和创造就业机会。此外，生物燃料减少了对原油进口的依赖。因此，生物燃料是一种更符合社会和环境要求的液体燃料，这一事实在直接成本计算中常常被忽视。因此，生物燃料市场在比较环境和社会成本时存在巨大的长期经济效益。

中国是世界上农村废弃物产量最大的国家，每年超过40亿吨。在广大农村地区所产生的农村废弃物当中，其中的植物油、动物油、废弃油脂等可通过工艺手段转化为生物柴油。据估计，2020年中国生物质能源量（标准煤）至少可达到15亿吨，如果可以将其中50%左右用于生产生物柴油，将可为中国石油市场提供2亿吨液体燃料。

11.1.3　中国农村生物质能的现状及发展生物柴油的有利条件

中国是一个农业大国，薪柴和秸秆等生物质能是农村主要的生活燃料，每年产生的农作物秸秆超过7亿吨，所以广大农村地区拥有丰富的生物质资源。据调查显示，农村能源消费总量（标准煤）由1980年的3.28亿吨增长到2008年的9.24亿吨，增加了2.8倍。生物质能在农村生活用能结构中所占比例近四成，这表明在未来的很长一段时间内，生物质能将在经济发展中扮演重要的角色。生物液体燃料是以生物质（小麦、玉米、木本等）为原料生产的液体燃料，如生物柴油、乙醇等，可以用来替代或补充传统的化石能源。由于石油等不可再生能源日益减少和环境保护的要求，越来越多的国家和地区开始发展生物柴油和燃料乙醇。

中国木本含油植物种类繁多，每年产生的林业废弃物（不包括炭薪林）约3700万立方米，可用作为生物质燃料油原料的乔灌木树种有近30种。这些植物抗逆性强、管理粗放、易于成活，不仅不占用良田，还可以保水固土，防止土壤石漠化，增加土壤有机质，对水土保持有重要意义，经济、生态和社会效益非常明显，具有广阔的开发潜力和发展前景。餐厨垃圾的无害化、资源化、减量化是各国努力的方向。使用餐厨垃圾加工生物柴油是其能源化利用的一条重要途径。中国作为世界上人口最多的国家，食用油的人均消耗已远高于世界水平，自给尚且不足，如果再以食用油脂作为制备生物柴油的原料将会大大加剧与人争食油的矛盾，引发粮油危机。出于这些考虑，中国生物柴油的制备大多采用潲水油、地沟油等餐饮废弃油脂及酸化油等食用油脂加工下脚料等原料，也有部分企业采用非食用的木本油脂原料。中国广大的农村地区餐饮及家庭废弃油脂常年产生，而且量也很大，将其用于生产生物柴油，不仅是杜绝其回流餐桌的解决办法，最终也能产生巨大的经济效益以日本为例，早在1997年，日本一些城市就开始建立家庭烹调废油收集体系，而且收集体系不断发展壮大。据调查显示，2006年4月在956个收集点收集家庭餐厨废油13万升，收集餐厨废油150万吨，这些废油成为生物柴油的生产原料。与日本相比，我国针对餐厨垃圾加工生物柴油的研究较晚，但是在我国特别是农村地区，对餐厨垃圾的收集利用却存在着巨大潜力。

藻类是最原始的生物之一，在中国广大农村地区广泛分布，对中国农村水域造成严重污染。在众多的生物质中，藻类是一种独特的光合生物，可将太阳能直接转化为化学能并且能积累高含量的天然油脂。藻类的含油量很高，一般占干重的20%~50%，某些微藻的含油量最高可以达到生物质干重的80%以上。大多数微藻生长迅速，可利用微生物发酵技术，在光反应器中高密度、高速率培养。在同样条件下，微藻细胞生长加倍时间通常在24h内。对数生长期内细胞物质加倍时间缩短至3.5h。作为低等植物的微藻大多分布在江海湖泊中，不与农作物争地，可以整年生长。其中原核的蓝藻（也称蓝细菌）可营自养生活，无需另外添加碳、氮源。高等植物种子的脂肪酸含量仅为干重的15%~20%左右，而藻类的脂肪酸含量在氮元素缺乏时可达细胞干重的80%。中国18000km海岸线上有着大片滩涂和湿地，非常适合微藻的大规模养殖和循环利用。由于微藻易养易收，体众多，所含脂肪酸等生物质能巨大，微藻是新型生物柴油原料油源之一，也是未来生物柴油发展的趋势之一。

11.1.4 生物柴油制备的技术原理

第一代生物柴油的制备原理主要是酯交换法。酯交换制备生物柴油是指原料油脂中的甘油三酸酯与低碳醇在催化剂的作用下，生成长链脂肪酸单酯类物质反应如下：

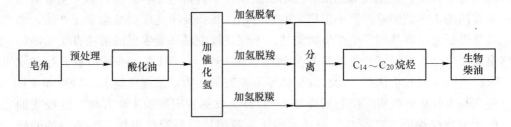

酯交换法根据其反应特点可分为酸或碱催化法，生物酶法和超临界法等。第二代生物柴油是以动植物油脂为原料，通过催化加氢技术作氢处理，从而生产的非脂肪酸甲酯生物柴油。第二代生物燃料的主要成分是液态脂肪烃，在结构和性能方面更接近石油基燃料。皂角催化加氢制备生物柴油流程如图 11-1 所示。

图 11-1　皂角催化加氢制备生物柴油流程

第三代生物柴油主要是在原料范围上的扩展，从原来的棕榈油、大豆油等油脂扩展到高纤维含量的非油脂类生物质和微生物油脂，微藻生物柴油生产工艺流程如图 11-2 所示。目前，主要包括：（1）以微生物油脂生产生物柴油；（2）生物质气化合成生物柴油。

11.2　技术发展史与特点

11.2.1　生物柴油的历史

生物柴油起源于德国。1892 年德国工程师鲁道夫（Dr. Rudolf Diesel）试制出压力点火内燃机——柴油机，驱动燃料为花生油，这也被认为是最初意义的生物柴油。1895 年，鲁道夫又首先提出了用动植物的油脂作为原料与甲醇或乙醇经过酯化反应，最后会变成供内燃机使用的燃料，鲁道夫及其发明的柴油发动机如图 11-3 所示。但由于当时世界上有非常丰富的石油资源，石化柴油供应大量过剩，不存在供求关系的矛盾。所以，鲁道夫的发明并没有引起社会上的足够重视。

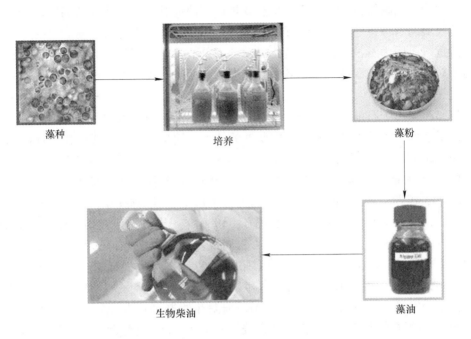

图 11-2　微藻生物柴油生产工艺流程

图 11-3　鲁道夫及其发明的柴油发动机
（由卡车之家网刘汉华提供）

生物柴油系统的研究是 20 世纪 70 年代石油危机发生后才开始的。由于社会高速发展与石油供给不足的矛盾，1973 年，第一次石油危机爆发，加剧了世界经济危机。因为石油危机的影响，以欧美为首的发达国家以及资源贫乏的国家开始了对石油替代能源的探索。其中南美洲的巴西是开展可再生能源研究最早的国家之一，20 世纪 70 年代，巴西正处于工业化大发展阶段，而 80% 的石油却依靠进口，在经历了石油危机的冲击之后，巴西开始了能源结构的调整和转型，巴西是最早掌握利用植物油转化为生物柴油的技术、用生物柴油替代石化柴油的国家之一。20 世纪 80 年代，巴西推出了"生物柴油计划"并投入小规模生产，但因为成本过高而没有继续扩大生产规模。20 世纪之后，巴西又重启了该计划。2003 年，巴西生物柴油公司在政府的支持下成立，到 2006 年，该公司已经有 6 家工厂，而且年产生物柴油超过 8 亿升。1980 年美国开始研究用豆油代替柴油。1983 年，美国科学家 Graham Quick 首次将经酯交换反应制得的亚麻籽油甲酯成功用于柴油发动机，并将可再生的脂肪酸甲酯定义为生物柴油。1999 年，美国政府颁布了开发生物质能源的法令，生物柴油是其中重点发展领域之一。为鼓励生物柴油发展，自 2005 年开始，美国政府对生物柴油产业也给予了玉米乙醇产业所享受的同等优惠政策。美国生物柴油自 2011 年开始受助于政府持续的大力推动，开始了较为快速发展的 5 年，根据美国能源署的数据显示，2015 年美国生物柴油达到了 3006.3 万桶，消费量则达到了 3514.8 万桶，生物柴油在生物能源使用的占比逐渐升高。欧盟是以德国、法国、意大利为主生产生物柴油。德国已经拥有了 8 个生物柴油工厂，有三百多个生物柴油加油站，2006 年德国的生物柴油产量是 100 万吨，而且德国已经广泛用生物柴油代替石化柴油应用在公交车、出租车及建筑和农业机械等方面。在东南亚地区，泰国用棕榈油、椰子油作为原料，生物柴油年生产能力也已达 10 万吨。马来西亚计划在盛产棕榈的沙巴州建设世界上首个拥有年产 30 万吨生物柴油能力的工厂，建成后将会是世界上的生物柴油工厂。

中国生物柴油研究和发展起步较晚，20 世纪 80 年代初，由中国石化总公司拨出专款立项，于上海内燃机研究所做了大量的基础试验。90 年代"八五"计划开始由国家科技部将生物燃料的研究开始由国家科技部将生物燃料的研究开始列为重大科技工程。2007 年，中国的生物柴油年产量已经超过了 200 万吨。生物柴油作为石化柴油的替代能源肯定会呈现出不断增长的发展趋势。2011 年，为进一步促进生物柴油行业健康发展，中国对生物柴油企业出台了优惠政策，规定对以地沟油等废弃油脂为主要原料生产生物柴油的企业免征其燃油消费税。2014 年，中国餐厨废弃物资源化利用和无害化处理试点工作已进行到第四批，全国共有 83 个城市已纳入此项工作中，一定程度上改善了中国生物柴油油脂原料不足的问题。

11.2.2　生物柴油技术的发展史

生物柴油发展至今主要经历了三个时代。目前生物柴油主要是通过脂交换法生产第一代生物柴油，即通过植物油、动物油脂、餐饮废弃的地沟油等原料中的脂肪酸甘油三酯与低分子的醇发生脂交换反应，生成脂肪酸单质。第二代生物柴油即通过动植物油脂为原料通过催化加氢工艺生产的非脂肪酸甲酯生物柴油。第二代生物柴油结构与石化柴油更加接近，而且具有优异的调和性能，较低的密度和黏度，并且具有高的十六烷值更低的浊点。因为第二代生物柴油制备的材料仅限于油脂，研究者又对非油脂类和微生物油脂进行试验并成功研制了生物柴油，这被称为第三代生物柴油。

11.2.2.1　第一代生物柴油技术

第一代生物柴油主要技术是脂交换法，脂交换法根据其反应特点可分为酸或碱催化法、生物酶法和超临界法等。酸或碱催化法在目前生物柴油的生产中使用比较普遍，但该方法反应时间长，工艺比较复杂，能耗较高。生物酶法所需反应条件温和，醇需求量小，无污染。但是需使用有机溶剂来提高反应过程的脂交换率。超临界法反应时间短，无污染，而且不需要使用催化剂，但反应条件苛刻。通过脂交换法生产生物柴油副产物甘油，加大了产物的分离和提纯难度，同时对原料的要求比较高：

（1）酸碱催化法：酸或碱催化法是在酸或碱作为催化剂的条件下，油脂与低分子的醇进行反应，生成脂肪酸单质和甘油。再通过分离提纯过程制备生物柴油。

（2）酶催化法：酶催化剂是一种由活细胞生产的大分子，酶催化工艺通常是多个顺序水解和酯化的过程，即在酶催化环境下，三甘酯先水解成二甘酯和脂肪酸，脂肪酸再和短链醇酯化合成脂肪酸烷基酯，然后二甘酯再水解，再酯化直到完全酯化成脂肪酸烷基酯。酶催化法生成生物柴油具有条件温和、用量少、无污染等优点。

（3）超临界法：当流体的温度和压力处于临界温度和压力时，气态和液态将无法区分，物质处在施加任何压力都不会凝聚的流动状态，即流体处于超临界状态。在超临界状态下，植物油与甲醇相溶性提高，反应在近似均相的条件下进行酯化交换。超临界法反应速率较快，不使用催化剂，不污染环境，但反应条件严苛。

11.2.2.2　第二代生物柴油技术

第二代生物柴油是以动植物油脂为原料，通过催化加氢技术作加氢处理，从而得到类似柴油组分的烷烃。动植物油脂主要是脂肪酸三甘酯，脂肪酸链长度一般是 $C_{12} \sim C_{24}$，以 $C_{16} \sim C_{18}$ 居多。油脂中典型的脂肪酸包括饱和酸（棕榈酸）、一元不饱和酸（油酸）和多元不饱和酸（亚油酸），不饱和脂肪酸多为一烯酸和二烯酸。第二代生物柴油在化学结构上与柴油基本相同，具有与柴油相似的黏度和发热值，密度较低，十六烷值较高，含硫量较低，稳定性好，符合清洁燃料的发展方向。而且第二代生物柴油具有较为优异的调和性质，低温流动性较好。目前，第二代生物柴油生产工艺主要有柴油掺炼、加氢直接脱氧和加氢脱氧异构三种方式。掺炼是利用炼厂原有的柴油加氢装置，通过在柴油进料中加入部分油脂进行掺炼。油脂直接加氢脱氧是在高温高压条件下油脂的深度加氢过程，羧基中的氧原子与氢结合成水分子，而油脂加氢脱氧异构是以动植物油为原料，经过加氢脱氧和临氢异构化两步法制备生物柴油。

11.2.2.3 第三代生物柴油技术

第三代生物柴油主要是在原料范围上的拓展，从原来的棕榈油、大豆油等油脂拓展到纤维含量较高的非油脂类生物质和微生物油脂。目前，主要分为两种方式：（1）以微生物油脂生产生物柴油；（2）质气化合成生物柴油。

微生物油脂又被称为单细胞油脂，是由酵母、细菌和藻类等微生物在一定条件下，利用碳水化合物、碳氢化合物和普通油脂等作为碳源，在菌体内产生油脂。以微生物油脂为原料的关键是微生物的筛选、菌体的处理、油脂的萃取等，得到的微生物油脂再通过酯交换或催化加氢制得生物柴油。生物质气化合成生物柴油是指生物质原料先进入气化系统，把高纤维素含量的非油脂类生物质制备成合成气，再采用气体反应系统对其进行反应，并在气体净化系统和利用系统中催化加氢制备生物柴油。非油脂类生物质气化是把农作物秸秆和固体废弃物等压制成型或破碎加工处理，然后在缺氧的条件下送入气化炉裂解，得到可燃气体并净化处理获得合成气，主要成分是甲醇、乙醇、二甲醚和液化石油气（LPG）等。

11.2.3 生物柴油的特点

生物柴油作为一种可再生能源，具有高含水率，低 pH 值，相对密度小等特点。与石油柴油相比，生物柴油优缺点见表 11-1。

表 11-1 生物柴油优缺点对照

优 点	缺 点
优良的环保特性：生物柴油和石化柴油相比含硫量低，使用后可使二氧化硫和硫化物排放大大减少	NO_x 排放量较高：生物柴油作汽车燃料时 NO_x 的排放量比石油柴油略有增加

优　点	缺　点
低温启动性能良好：和石化柴油相比，生物柴油具有良好的发动机低温启动性能，冷滤点达到-20℃	性质不稳定：原料对生物柴油的性质有很大影响，若原料中饱和脂肪酸含量高，则生物柴油的低温流动性可能较差；若多元不饱和脂肪酸，则生物柴油的氧化安定性可能较差
较好的润滑性能：可以降低发动机供油系统和缸套的摩擦损失，增加发动机的使用寿命，从而间接降低发动机的成本	较高的溶解性：生物柴油作燃料时易于溶胀发动机的橡塑部分，需定期更换
良好的安全性能：生物柴油的闪点高于石化柴油，它不属于危险燃料，在运输、储存、使用等方面的优点明显	适应性能较差：较老旧的车辆如果没有升级输油管路，使用时可能不安全
具有优良的燃烧性能：生物柴油的十六烷值比柴油高，因此燃料在使用时具有更好的燃烧抗爆性能，因此可以采用更高压缩比的发动机以提高其热效率	热值低：生物柴油热值比石油、柴油略低
可再生性：生物柴油是一种可再生能源，其资源不会像石油、煤炭那样会枯竭	能耗投入高：化学方法合成生物柴油时工艺复杂、醇必须过量，后续工艺必须有相应的醇回收装置，能耗高，设备投入大
石化柴油的适宜替代燃油产品，可减少石油进口量	生物柴油生产对原料的需求可能会威胁到粮食以及其他农产品生产部门

11.3　生物柴油技术的分类与应用现状

11.3.1　生物柴油技术的分类

生物柴油是由植物油或动物脂的脂肪酸烷基单脂组成的可替代柴油燃料。因此，生物柴油技术可分为植物油或动物脂为原料制备的两大类技术。植物油包括玉米油、花生油、茶油、豆油、棉籽油、微藻类油。其中，由于微藻具有光合作用效率高、生长周期短、脂类含量高等特点，已被认为是目前制备生物柴油的最主要原料之一。在现代的生物柴油技术的研究领域中，以微藻类为原料制备生物柴油的技术研究甚广，颇受科学家们的喜爱。动物油脂主要有羊脂、牛脂、猪脂、黄油。

近年来，随着中国经济的迅猛发展，农村废弃物问题日益突出，采取可持续发展的农村废弃物处理模式，促进农村垃圾处理的减量化、无害化、资源化至关重要。农村废弃物可分为：（1）农田和果园残留物，如秸秆、残株、杂草、落叶、果实外壳、藤蔓、树枝和其他废物；（2）牲畜和家禽粪便以及栏圈铺垫物等；（3）农产品加工废弃物；（4）人粪尿以及生活废弃物。经研究发现，采用农村废弃物制备成生物柴油对环境保护具有重要的保护意义。

废弃油脂是食用油和肉类食品在生产加工和食用消费过程中产生的，包括餐饮废油、存放过期的食用油、酸化油和非食用的动物脂肪等，它们来源于生物，具有可再生性。全球废弃油脂每年的产出量巨大，以植物油为例，2009~2010年全球大豆等9大类植物油的总产量为13877万吨。这些植物油经加工和消费后，将产生占其总量20%~30%的废弃油脂，即3000万吨以上。如果再考虑废动物脂肪，则数量更大。废弃油脂的种类及质量比例如图11-4所示。

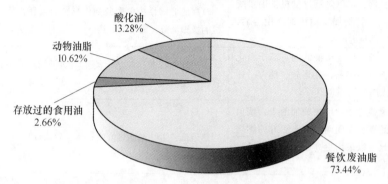

图 11-4　废弃油脂种类及质量比例

餐饮废油脂：俗称地沟油，主要指城市宾馆、饭店、餐馆和居民日常生活使用油脂时产生的不宜食用的废弃油脂，包括与余油、煎炸鱼油、潲水油等。餐饮废油脂的产量没有权威的统计数据，可根据食用油的食用率来估计。发达国家公布的使用率约75%，中国因传统的饮食习惯，使用率不可能高于发达国家，按发达国家相同的使用率保守估计，就有25%的食用油脂变成餐饮废油脂。如2011年我国食用油消费量达2765万吨。

存放过的食用油：食用油在储存、销售和消费过程中，不可避免会有一部分超过保质期，不宜食用；另外储罐的清底、保洁等过程也要产生不宜食用的油脂。根据预测每年约有100万吨食用油因存放过期需要处理。

动物油脂：中国猪、牛、羊、鸡、鸭等存栏量都居世界前列，产肉的同时也副产大量的脂肪，其中优质的脂肪作为食用外，主要作为油脂化工的原料，而一些品质差的脂肪，异味大，不适宜做油脂化工的原料，但可以作为生物柴油原料，这部分脂肪的数量估计约400万吨。

酸化油：由植物毛油精炼生产食用油产生的含油下脚料酸化加工得到的高酸值油脂。酸化油通常可以用来生产混合脂肪酸，但近年来混合脂肪酸也多用生产生物柴油。

生物柴油的制备有物理方法、化学方法和生物方法。物理法包括直接混合法和微乳液法。直接混合法工艺简单，但制备出来的生物柴油质量不高，不能从根本上改变植物油的高黏度性能，植物油依然不能长期使用在柴油机上。微乳液法受环境因素的影响，因环境的变化易出现破乳现象。因此，物理法在添加比例、使用效果等方面局限性较大。化学法包括高温热裂解法、酯交换法和无催化的超临界法等，其中高温裂解法产物难以控制，设备较贵，应用少。超临界法与化学法相比，产率更高，反应速率更快，产物的分离过程变得简单，对原料的要求低（对油脂中的游离脂肪酸和水的含量无任何要求）。但该方法需要在高温高压下进行，因此能耗较高。生物法包括酶催化酯交换法。酯交换包括液相反应酯交换、固相反应酯交换法、高温高压酯交换法和脂肪酶催化酯交换法。其中酯交换法具有工艺简单，操作费用低、制得的产品性质稳定等优点，因此目前此工艺在国内外应用最为广泛。

11.3.2 生物柴油技术的应用现状

生物柴油作为优质的柴油替代品，属于环境友好型绿色燃料，对于农业结构调整，能源安全和生态环境综合治理具有十分重大的意义。生物柴油及其生产技术的研究，始于20世纪50年代末、60年代初，发展于20世纪70年代。尽管生物柴油发展的历史还不长，但由其优越的性能，对环境友好及可再生性，已得到世界各国的普遍重视。生物柴油现已成为新能源研制和开发的焦点和热点，许多国家的政府通过优惠政策手段，鼓励生物柴油的研究、生产和应用，使生物柴油产业迅速成为亮点。生物柴油主要应用于运输业、海运业及其他能够造成环境污染的领域（如矿井）。世界上许多国家已经认识了生物柴油的重要性，并进行了大量的研究和试验，已经有100多个城市使用生物柴油进行了示范和测试项目。但由于各个国家的国情不同，对于生物柴油的研究和应用也存在差别。

1980年美国制定的国家能源政策，明确提出以生物柴油替代石化柴油战略，目的在于促进本国可再生能源应用。美国能源部委托可再生能源国家实验室对生物柴油的生产、燃料特性、行车试验、法律法规、商业化情况以及经济性与环境因素等进行广泛而深入的调查。生物柴油已作为一种替代燃料被美国能源发展委员会、美国环保局和美国材料试验协会这三大机构所认可。美国主要以大豆油为原料生产生物柴油，总生产能力达到45.6万吨。为降低生产成本，缓解生物柴油供应量不足的矛盾，美国多采用含20%生物柴油的混合柴油，即B20，其尾气污染物排放可降低50%以上。此外，美国又研究成功采用高油含量的"工程微藻"为原料制备生物柴油技术，为柴油生产开辟了一条新的途径。

巴西是研发和最早掌握利用植物油转化为生物柴油的技术，用生物柴油代替石化柴油的国家之一。为促进生物柴油的应用，巴西政府颁布法律，从2008年起巴西全国所有的加油站停止供应石化柴油，所出售大的柴油中都必须含有2%的生物柴油。目前，巴西的生物柴油年生产能力已达到25亿升。巴西政府还计划 2013 年将生物柴油添加比例提高到 5%，到 2020 年生物柴油的添加比例达到 20%。欧盟是全球最大的生物燃料生产地，总产量约占世界的 80%。生物柴油是欧盟最重要的生物燃料。根据历年欧盟生物柴油的总产量数据显示，欧盟生物柴油在迅速的增长。导致其增长的第一个因素是欧盟共同农业政策的变化，第二个因素是生物柴油享受免税政策，第三因素是对环境保护的考虑。日本由于人口众多，国土面积少，土地资源缺乏，植物油资源缺乏，这些因素决定了日本生物柴油的主要原料来源于地沟油（废弃煎炸油）。目前日本生物柴油年产量可达 40 万吨。日本政府已批准生物柴油作为商品燃料由加油站提供。韩国 2002 年 5 月开始在首尔和全罗北道进行推广生物柴油的试点。2006 年 7 月，生物柴油获准正式上市，炼油企业与政府和生物柴油生产企业签订协约，2008 年 6 月，在石化柴油里掺用 0.5% 的生物柴油进行销售。现如今韩国 SK 化学和爱京油化等大企业已被批准为生物柴油生产企业，大企业的进入标志着促进生物柴油推广和使用已经成为政府能源政策的一个重点。泰国本土的石油蕴藏并不丰富，因此历年来都重视对替代能源的开发。自 2006 年起，泰国的替代能源已经开发得相当成功，目前已建成全泰国最大的生物柴油生产基地。

非洲第一家从植物油中提炼清洁生物柴油的工厂于 2005 年年底在南非东部港口城市德班建成，每天生产 2.2 万升符合欧盟标准的生物柴油。新加坡从 2008 年下半年开始，为柴油动力汽车提供的生物柴油燃料，是从餐馆收集的废弃食用油加工制成的。虽然美国和欧洲目前已经大量使用生物柴油，但通常都要与普通柴油混合使用，而新加坡开发的生物柴油完全不含硫，无需与任何的矿物柴油混合就可使用。国内外生物柴油的产量变化趋势如图 11-5 所示。

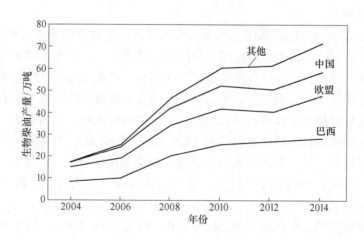

图 11-5　国内外生物柴油的产量变化趋势

柴油供需平衡问题一直是中国的焦点问题。由于柴油供应缺口仍然较大，随着市场对柴油的需求量不断的增大，开发生产生物柴油，对于改变中国现有的燃油结构、保护城市环境和节约能源资源，进一步实施可持续发展战略具有十分重要的意义。生物柴油是新兴的高科技产业，中国"十三五发展纲要"已明确提出发展各种石油代替品，并将发展生物液体燃料确定为新兴产业发展方向，加快中国生物柴油的研发和应用是时代赋予我们的千载难逢的发展机遇。目前，中国政府为解决能源节约、替代和绿色环保问题制定了一些政策和方针。中国生物柴油的研究和开发虽然起步较晚，但发展速度很快，现在已经形成了具有自主知识产权的生物柴油生产技术和工业化试验工厂，一部分科研成果已达到国际先进水平。研究内容涉及油脂植物的分布、选择、培育、遗传改良及其加工工艺和设备。目前各方面的研究都取得了阶段性成果，这无疑将有助于中国生物柴油的进一步研究与开发。

11.4 生物柴油技术典型案例分析

在面临全球能源危机的条件下，随着全球经济的发展，人们生活水平的提高和环境保护意识的增强，人们逐渐认识到石油作为燃料所造成的空气污染的严重性，尤其是"光化学烟雾"的频繁出现，对人体健康造成极大的危害。因此，开发出新的可再生、环保、替代性的能源刻不容缓。经过研究发现，生物柴油具有以下优良性能：（1）具有优良的环保性能；（2）具有可再生能源；（3）具有较好的安全性能；（4）生物柴油具有优良的燃料性能，可以一定比例与石化柴油调和使用；（5）具有较好的润滑性能，延长发动机的使用寿命；（6）应用简便；（7）生物柴油可作为一种战略石油资源储备；（8）促进农业生产，带动产业结构的调整；（9）生物柴油生产过程中的各类副产品均可利用。研究人员一致认为生物柴油是传统石油的最佳替代品，因此，生物柴油的生产开始在世界范围内蓬勃发展，其应用实例数不胜数。这里选取几个典型案例进行分析。

11.4.1 微藻制备生物柴油

藻类研究起源于 20 世纪 40 年代，当时研究人员已经发现很多种类的微藻在特定生长条件下可累积大量油脂。70 年代发生"石油危机"后，微藻生物能源开始引起全国政府、科研和各类商业机构的重视，国外政府开始投入大量资金资助国家实验室、大学等科研机构研发微藻生物燃料的相关技术；很多生化科技公司和能源公司积极尝试微藻生物燃料的中式生产，期望快速实现工业化生产。迄今为止，国外学术界和工业界已经在微藻生物燃料的大规模商业化生产领域取得一定进展，尤其以美国为代表的先行国家研发时间长、投入资金量大、参与机构多、技术研发全面且研究进展较快，中国微藻生物柴油研究起步较晚。河湖微藻实物图如图 11-6 所示。

图 11-6　河湖微藻实物图

微藻收集的主要工艺有絮凝沉降、絮凝溶气气浮法、过滤和离心等。絮凝沉降技术是微生物收集过程已有的操作工艺。通常向培养液中添加化学絮凝剂，使用微藻聚团沉降，常用的絮凝剂有明矾、石灰、纤维素、盐类、聚丙烯酰胺、表面活性剂、壳聚糖等。絮凝溶气气浮工艺是指先添加絮凝剂增加微藻聚团的尺寸，并从反应器底部通入气泡，把微藻聚团向培养液表面，收集培养液表面水层即可回收高浓度的微藻。这两种工艺中残留的絮凝剂较难去除，会对后续微藻生长、生产工艺产生影响。过滤和离心工艺为物理收集方法，无需添加化学物质。但微藻细胞直径较小，过滤和离心设备生产难度较大，成本较高。

提取微藻中油脂的方法有机械法、化学法、酶催化法和超临界 CO_2 法。机械法是采用外力破坏微藻细胞膜和细胞壁，将其中的生物质释放到外部环境中，再将其收集起来。常用的机械法有压榨、超声波、纳米技术等。化学法使用化学溶剂提取，常用的化学溶剂有苯、醇、醚、正己烷和环己烷等。殷海等人研究发现，在相同液料比和提取时间下，实验温度为 35℃ 时，先使用甲醇溶剂提取，再使用石油醚溶剂提取，会大大提高微藻油脂的提取率，最高可达 87.9%。酶催化法是指使用生物酶分解微藻细胞壁，释放出油脂。超临界 CO_2 法指利用 CO_2 在临界点的强溶解能力萃取微藻中的油脂，优点是萃取完成后，降温降压后的超临界 CO_2，流体变回气体，可简化溶剂和油脂分离工艺。但大规模超临界萃取工艺设备投资大，操作成本较高。

虽然，微藻油脂和动物油脂以及其他植物油脂在结构及组成上不相同，但基本组成都是甘油三酯，因此可以利用现今已商业化的生物柴油生产技术加工微藻油脂。目前生物柴油的生产工艺通常包括酯交换工艺和加氢裂化-异构化工艺。在酯交换生产生物柴油的工艺中，油脂与甲醇反应生成相应单脂和甘油。生产中常用的催化剂有酸、碱或酶等。另外还有与甲醇超临界条件下的酯交换反应，反应式见式（11-2）。在酯交换反应工艺中，碱催化技术应用较多，代表性的工艺有德国 Lurgi 公司的均相液碱催化酯交换工艺、法国石油研究院（IFP）研发的 Esterfip-H 固体碱两段反应工艺和中国石化石油化工科学研究院（PIPP）研发的超/近临界甲醇醇解工艺（SRCA-I）。

$$
\begin{array}{cccc}
CH_2-OOC-R_1 & CH_3-OOC-R_1 & CH_2-OH \\[4pt]
| & & | \\[4pt]
CH-OOC-R_2 + 3CH_3OH \longrightarrow & CH_3-OOC-R_2 & + & CH-OH \quad (11\text{-}2) \\[4pt]
| & & | \\[4pt]
CH_2-OOC-R_3 & CH_2-OOC-R_3 & CH_2-OH
\end{array}
$$

$$(R_1, R_2, R_3\text{——油脂分子中长碳链基团})$$

目前，国内微藻制备油脂尚未实现工业化，可根据美国斯坦福研究院（SRI）提供的数据进行分析。以 SRI 报告的案例为例，2010 年左右由美国 USGC（美国谷物协会）投资建设一个年产 15 万吨的微藻油脂厂，采用管式光生物反应器工艺总投资约为 375 亿元，开放池工艺总投资约为 141 亿元。提取微藻油脂的生产成本分析见表 11-2。

表 11-2　提取微藻油脂的生产成本分析

项　目	管式光生物反应器工艺		开发池工艺	
	总投资：375 亿元		总投资：141 亿元	
	成本占比/%	单位成本/元·t^{-1}	成本占比/%	单位成本/元·t^{-1}
原材料	6	2050	17	1936
副产品收益	−25	−8543	−76	−8656
公用设施	16	5467	34	3873
固定成本	44	15035	54	6150
折旧	59	20161	71	8087
扣除副产品后总成本		34170		11390
投资回报率为 5%，总成本		46679		15678

由表可以看到，两种工艺投资都较高，管式光生物反应器工艺投资约 375 亿元，开放池工艺投资约 141 亿元。其中，两种工艺的固定成本及折旧占比也较高，且微藻的脱水和干燥、油脂提取及溶剂的蒸发，都需要很高的公用设施成本。在无投资回报率的情况下，管式光生物反应器工艺总成本约为 34170 元/t，开放池工艺总成本分别为 46679 元/t 和 15678 元/t。与同时期油脂价格相比（棕榈油约 7500 元/t、桐籽油约 6000 元/t、废弃油脂约 4600 元/t），两种工艺均无经济性。即使原油价格达到 100 美元/桶时，两种经济仍毫无经济性。

未来微藻生物柴油的发展可以从以下三方面重点考虑：（1）选育高油脂含

量的微藻；（2）开发低成本养殖和收获微藻技术；（3）碳捕集、循环与废水处理对于降低微藻生物柴油生产成本仍需深入研究。

11.4.2　地沟油制备生物柴油

地沟油会污染水体与空气，被加工成劣质食用油重回餐桌，会危害人们健康，地沟油如图 11-7 所示。但可以将其作为一种优质资源，地沟油不但可以作为化工原料制取脂肪酸、甘油等化工产品，还是生物柴油的优良原料。由地沟油制得的生物柴油，理化性质可以达到德国的标准，动力与排放性能与植物油相当，排放标准可以达到欧洲Ⅲ号，具有很强的经济竞争性。为了杜绝地沟油回流餐桌，国务院办公厅日前下发了《关于加强地沟油整治和餐厨废弃物管理的意见》，明确提出要严厉打击非法生产销售"地沟油"行为，同时探索适宜的餐厨垃圾资源化和无害化处理技术工艺路线及管理模式。

图 11-7　地沟油

武汉大学的一项调查数据表明，全国每年回流餐桌的地沟油数量达 300 万吨，这些非法提炼的食用油，给广大人民群众带来严重的威胁。但令人欣慰的是，这些曾一度令人谈之色变的"地沟油"可以通过再加工，成为重要的环保能源——生物柴油。地沟油制备生物柴油运用酯交换原理，即在催化剂 NaOH 存在下达到酯交换，其反应如下：

$$
\begin{array}{l}
CH_2-OCO-R \qquad CH_2-OH \\
\quad | \qquad\qquad\qquad | \\
CH-OCO-R + 3CH_3OH \longrightarrow CH-OH + 3R-\begin{array}{l}COOCH_3\\ |\\ CH_2-OCO-R\end{array} \\
\quad | \\
CH_2OH
\end{array}
$$

同时发生副反应:

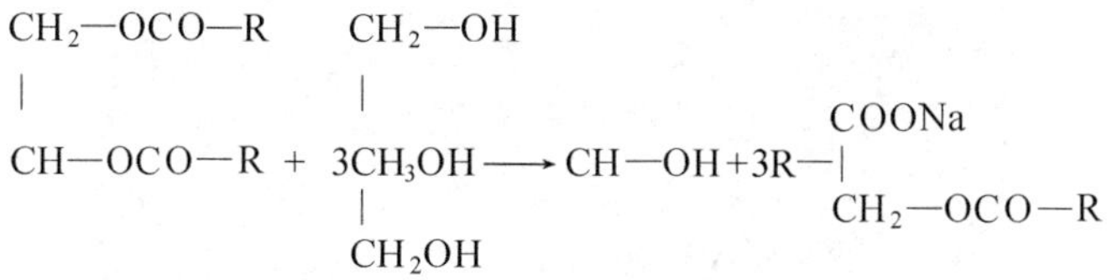

$$
\begin{array}{l}
\text{CH}_2\text{—OCO—R} \quad\quad \text{CH}_2\text{—OH} \\
| \quad\quad\quad\quad\quad\quad\quad\quad | \quad\quad\quad\quad\quad\quad\quad\quad \text{COONa} \\
\text{CH—OCO—R} + 3\text{CH}_3\text{OH} \longrightarrow \text{CH—OH} + 3\text{R—}| \\
| \quad\quad\quad\quad\quad\quad\quad\quad\quad\quad\quad\quad\quad\quad\quad\quad\quad \text{CH}_2\text{—OCO—R} \\
\text{CH}_2\text{OH}
\end{array}
$$

将预热好的地沟油,甲醇以及反应中作为催化剂的 NaOH 在反应器混合反应,为保证酯交换完全,初次酯交换的反应产物在第二反应器再次反应。该反应产物在采用以特殊设计可持续工作的分离器中被分为生物柴油和甘油相。将生物柴油箱在反应器中水洗,一出去其中残留的催化剂、溶解皂和甘油并在随后加以分离,分出的水相甘油相,以使残留的皂由生物柴油中分离出来。酯交换反应工艺流程如图 11-8 所示。

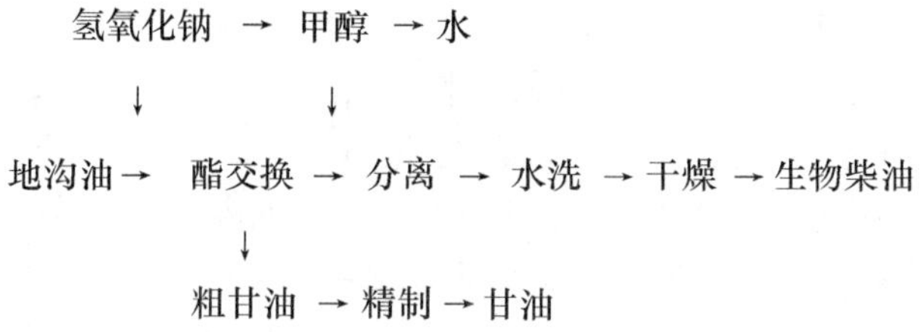

氢氧化钠 → 甲醇 → 水

↓   ↓

地沟油 → 酯交换 → 分离 → 水洗 → 干燥 → 生物柴油

↓

粗甘油 → 精制 → 甘油

图 11-8 酯交换反应工艺流程

随着生物柴油产业的兴起以及非法商贩的争抢,地沟油从原先众所不知的垃圾变为了供不应求资源。当前,餐饮废油脂来源广泛,产生巨大且廉价利用餐饮废油制备生物柴油具有广阔的市场前景。在我国利用餐饮废油脂制造生物柴油符合世界上废油脂再利用的一大趋势。近年来,利用餐饮废油制备生物柴油的专利越来越多。有关此领域的专利也大量涌现,但离真正工业化还有一定距离。同时废油杂质含量高、游离脂肪酸多,也带来新的问题。餐饮废油生产的生物柴油的国家标准,使用效果还需进一步研究。

11.4.3 农村秸秆制备生物柴油

农村秸秆主要包括粮食作物、油料作物、棉花、麻类和糖料作物等五类,是生物质资源的重要来源之一,玉米秸秆如图 11-9 所示。据统计,中国各种农作物秸秆年产量约 6 亿吨,占世界作物秸秆总产量的 20%~30%。秸秆的大量剩余,导致了一系列环境和社会问题,据调查,目前中国秸秆利用率约为 33%,其中经过技术处理后利用的仅约占 2.6%。因此,开展秸秆的能源高效转化利用技术研究和能源产品开发成为亟待解决的农业、能源和环境问题,对保障国家能源安全、国民经济可持续发展和保护环境具有重要意义。

图 11-9　玉米秸秆

目前，采用热化学法将秸秆等生物质能转化为生物油的技术已引起世界各国的普遍重视，许多国家纷纷将其列为国家能源可持续发展战略的重要组成部分和 21 世纪能源发展战略的基本选择之一。具体内容如下：加压液化是在较高压力下的热转化过程，温度一般低于快速热解液化。近年来有采用 H_2 加压，使用溶剂（如四氢萘、醇、酮等）及催化剂（如 Co-Mo、Ni-Mo 系加氢催化剂）等手段，使液体产率大幅度提高。于树峰等对花生壳、谷秆、棉秆、甘蔗渣、苎麻秆五种生物质在 250mL 高压反应釜中进行了液化研究，考察了温度、时间、催化用量等因素对液化行为的影响。研究表明，给料比为 10g 原料/100mL 水时，在温度 300~340℃、时间 10min、K_2CO_3 添加量为 1/30（催化剂/原料）的条件下，上述原料液化油产率为 21%~28%。王华等人对植物秸秆纤维在浓硫酸/苯酚为催化剂、乙二醇为反应介质的液化反应进行了研究，结果表明，植物秸秆在浓硫酸/苯酚（浓硫酸占所加物质总量的质量分数为 6%）混合催化体系中，当温度 160℃、时间 70min 时效果最好。据专家预测，如果将秸秆利用技术产业化，以 50km 为半径建设小型秸秆加工厂，那么按秸秆到厂价 40 元/t，农民每亩可增收 200 元以上；如果我国每年利用全国 50% 的作物秸秆、40% 的畜禽粪便、30% 的林业废弃物，以及开发 5% 的边际土地种植能源作物，并建设约 1000 个生物质转化工厂，那么其产出的能源就相当于年产 5000 万吨石油，约为一个大庆油田的年产量，可创造经济效益 400 亿元并提供 1000 多万个就业岗位。

生物质快速热解生产液体燃料油技术为彻底解决农林作物资源的最大化利用、改善农业和农村生态环境、实现农业循环经济和可持续发展、提高农民收入、改善农村产业结构、改善农村缺能现状、解决剩余秸秆就地焚烧或随意堆弃造成大气污染、土壤矿化、火灾等大量的社会经济和生态问题提供了技术支撑，对于农业和农村发展具有重要的经济和社会意义。作为一种清洁的可再生能源，利用秸秆等生物质能已成为全世界的共识。联合国环境与发展委员会预测，到

2050 年，生物质能的利用可望达到世界能源消耗的 50%。采用快速热解液化技术制备生物油是当今秸秆能源转化高效利用的重要途径之一，也得到了世界各国的广泛关注和普遍重视，针对目前的研究现状和存在问题，秸秆快速热解液化制备生物油技术未来研究目标建议如下：

（1）秸秆快速热解液化制取生物油产率低于木屑等生物质，应进一步开展经济上可行的秸秆预处理技术研究，主要包括灰分的脱除，以提高生物油产率和品质。

（2）生物油存在 pH 值低、对设备有腐蚀性的问题，因此，今后应重点加强生物油应用技术和生物油提质技术研究，使生物油满足实际利用的需要。

（3）目前生物质快速热解液化反应器规模普遍偏小，在加强快速热解液化机理和理论研究的基础上，对现有设备和技术进行放大试验研究，进一步降低生产成本，提高技术的适应性，为大规模生产提供配套设备和技术。

参 考 文 献

[1] 朱清时，阎立峰，郭庆祥. 生物质洁净能源 [M]. 北京：化学工业出版社，2002.

[2] 中国科学院基础科学局. 中国至 2050 年生物质资源科技发展路线图 [J]. 前沿科学，2009, 3 (3)：96-96.

[3] Griffiths M J, Harrison S T L. Lipid productivity as a key characteristic for choosing algal species for biodiesel production [J]. Journal of Applied Phycology, 2009, 21 (5)：493-507.

[4] Schenk P M, Thomas-Hall S R, Stephens E, et al. Second generation biofuels：High-efficiency microalgae for biodiesel production [J]. Bioenergy Research, 2008, 1 (1)：20-43.

[5] 张宗舟，柴强，赵紫平. 生物质资源再利用 [M]. 北京：清华大学出版社，2016.

[6] 孙宁，王飞，孙仁华，等. 国外农作物秸秆主要利用方式与经验借鉴 [J]. 中国人口资源与环境，2016 (S1)：469-474.

[7] 张培增，郭海鸿. 澳大利亚新西兰保护性耕作和牧草机械化生产技术考察报告 [J]. 农业技术与装备，2013, 21：15-19.

[8] 宫秀杰，钱春荣，于洋，等. 我国玉米秸秆还田现状及效应研究进展 [J]. 江苏农业科学，2017, 45 (9)：10-13.

[9] 王红彦，王飞，孙仁华，等. 国外农作物秸秆利用政策法规综述及其经验启示 [J]. 农业工程学报，2016, 32 (16)：216-222.

[10] 吴婕，朱钟麟，郑家国，等. 秸秆覆盖还田对土壤理化性质及作物产量的影响 [J]. 西南农业学报，2006, 19 (2)：192-195.

[11] 谢建水，郑小钢. 江苏农作物秸秆机械化还田推进成果与启示 [J]. 江苏农机化，2017, 6：3-7.

[12] 张建群，姚传云，戚士胜. 麦-稻秸秆机械粉碎全量还田技术模式探讨 [J]. 现代农业科技，2017, 10：186-187.

[13] 侯新村，范希峰，朱毅，等. 作物秸秆生物质原料可持续利用模式探究 [J]. 农学学报，2018, 8 (4)：32-38.

[14] 赵新华. 浅谈机械化秸秆还田工艺及技术要点 [J]. 农业技术与装备，2016, 1：73-74.

[15] 王晓磊，吴鹏升. 玉米秸秆机械粉碎还田技术应用 [J]. 安徽农业科学，2017, 45 (6)：48-49.

[16] 熊元清. 稻麦油轮作秸秆还田机械化技术浅析 [J]. 农机科技推广，2016, 1：36-38.

[17] 韩绪明，张姬，耿爱军，等. 玉米秸秆机械化利用综述 [J]. 中国农机化学报，2018, 4：114-118.

[18] 吴子岳. 玉米秸秆与根茬切碎模型及其机具的研究-未来十五年化肥、农药发展方向与优先领域的调查研究-种子与生物肥料加工机械化 [D]. 北京：中国农业大学，2000.

[19] 李果，李粤，张喜瑞，等. 秸秆粉碎还田机甩刀的设计 [J]. 农机化研究，2014, 8：122-125.

[20] 张明亮. 桓台县麦套玉米机械化秸秆还田的考察 [J]. 作物杂志，1999, 6：33-34.

[21] 梁龙，王大鹏，吴文良，等. 基于低碳农业的清洁生产与生态补偿——以山东桓台为例 [J]. 中国农业资源与区划，2011, 32 (6)：98-102.

［22］Li Z K, Zhang F. Rice breeding in the post-genomics era: From concept to practice ［J］. Current Opinion in Plant Biology, 2013, 16（2）: 261-269.

［23］郑梦莉，王凯军，张佩华，等．农作物秸秆饲料化技术研究进展［J］．中国饲料，2017，11：5-14.

［24］何玉凤，钱文珍，王建凤，等．废弃生物质材料的高附加值再利用途径综述［J］．农业工程学报，2016，15：1-8.

［25］Talebnia F, Karakashev D, Angelidaki I. Production of bioethanol from wheat straw: An overview on pretreatment, hydrolysis and fermentation ［J］. Bioresource Technology, 2010, 101（13）: 4744-4753.

［26］秦翠兰，王磊元，刘飞，等．畜禽粪便生物质资源利用的现状与展望［J］．农机化研究，2015，6：234-238.

［27］严武英，顾卫兵，邱建兴，等．餐厨垃圾的饲料化处理及其效益分析［J］．饲料资源开发及利用，2012，9：39-42.

［28］王莉．餐厨废物回收利用管理研究［D］．天津：天津大学，2009.

［29］袁世岭，李鸿炫，毛捷，等．餐厨垃圾饲料化处理的研究进展［J］．资源节约与环保，2013，7：78-80.

［30］陈益华，李志红，沈彤．我国生物质能利用的现状及发展对策［J］．农机化研究，2006（1）: 25-30.

［31］刘文杰，靳国辉，韩润英．通辽市全株青贮玉米存在问题及对策［J］．草业与畜牧，2014，212：60-62.

［32］张贵义，邹立刚，郭辉．常规青贮与半干青贮的比较分析［J］．饲料博览，2007，6：38-39.

［33］司华哲，金春爱，刘晗璐，等．青贮饲料研究新进展［J］．饲料研究，2015，24：4-8.

［34］Edmunds B, Spiekers H, Südekum K H, et al. Effect of extent and rate of wilting on nitrogen components of grass silage ［J］. Grass & Forage Science, 2014, 69（1）: 140-152.

［35］Yitbarek M B, Tamir B. Silage Additives: Review ［J］. Open Journal of Applied Sciences, 2014, 4（5）: 258-274.

［36］梁正文．青贮饲料的制作及利用技术［J］．畜牧与饲料科学，2017，10：43-46.

［37］王义，唐式校．秸秆饲料化关键技术［J］．现代畜牧科技，2016，1：34-35.

［38］彭桂兰．秸秆微贮饲料的制作方法［J］．牧草饲料，2011，9：129-130.

［39］徐春燕，周光玉，丁丽，等．农作物秸秆的饲料化技术［J］．饲料博览，2008，12：14-16.

［40］尹显章．浅析秸秆氨化饲料制作及使用技术［J］．中国畜牧兽医文摘，2016，32（2）: 226.

［41］贺健，周秀英，侯桂芝，等．热喷技术与饲料资源开发［J］．畜牧与饲料科学，2010（6）: 362-365.

［42］孙荣高．利用工业废液废渣生产菌体蛋白饲料的研究［J］．新疆环境保护，1995，17（6）.

［43］曲音波，高培基．纤维素类废弃物生物转化技术研究进展［J］．纤维素科学与技术，

1997（2）：1-9.

[44] 毛麒瑞. 单细胞蛋白的发展前景 [J]. 中国化工, 1996, 10: 50.

[45] 邓桂兰, 郑艾初, 魏强华. 菌体蛋白饲料的研究与开发 [J]. 发酵科技通讯, 2006, 35 (4): 27-29.

[46] L. F. DIAZ. 堆肥科学与技术 [M]. 北京: 化学工业出版社, 2013: 17-41.

[47] 环境保护部自然生态保护司. 农村环保实用技术 [M]. 北京: 中国环境科学出版社, 2008, 42-48: 119-123.

[48] 赵由才. 生活垃圾处理与资源化 [M]. 北京: 化学工业出版社, 2015: 114-139.

[49] 赵由才, 宋玉. 生活垃圾处理与资源化技术手册 [M]. 北京: 冶金工业出版社, 2007.

[50] 苏良湖, 赵秋莹, 孙旭, 等. 添加复配菌剂对保温堆肥箱中纤维素垃圾降解的影响 [J]. 环境卫生工程, 2016, 24 (119): 1-8.

[51] 杨浩君, 曾庆东, 韦建吉. 堆肥发酵工艺流程及主要设备 [J]. 现代农业装备, 2017, 4: 35-38.

[52] 周继豪, 沈小东, 张平, 等. 基于好氧堆肥的有机固体废物资源化研究进展 [J]. 化学与生物工程, 2017, 34 (2): 13-18.

[53] Zhen G, Lu X, Kato H, et al. Overview of pretreatment strategies for enhancing sewage sludge disintegration and subsequent anaerobic digestion: Current advances, full-scale application and future perspectives [J]. Renewable & Sustainable Energy Reviews, 2017, 69: 559-577.

[54] Zhen G, Zhao Y. Pollution control and resource recovery: Sewage sludge [M]. Elsevier Inc, 2016.

[55] Gonzalezfernandez C, Sialve B, Molinuevosalces B. Anaerobic digestion of microalgal biomass: Challenges, opportunities and research needs [J]. Bioresource Technology, 2015, 198: 896-906.

[56] Sun L, Pope P B, Eijsink V G, et al. Characterization of microbial community structure during continuous anaerobic digestion of straw and cow manure [J]. Microbial Biotechnology, 2015, 8: 815-827.

[57] McCarty P L, Smith D P. Anaerobic wastewater treatment [J]. Environmental Science & Technology, 1986, 20 (12): 1200-1206.

[58] Zhen G, Lu X, Li Y Y, et al. Combined electrical-alkali pretreatment to increase the anaerobic hydrolysis rate of waste activated sludge during anaerobic digestion [J]. Applied Energy, 2014, 128: 93-102.

[59] 郗春岭. 新时期农村用户沼气池技术改造研究 [J]. 农业与技术, 2017, 37 (4): 169.

[60] 张哲, 张丽, 周益辉, 等. 大型畜禽粪污 厌氧发酵+沼气发电工艺设计 [J]. 中国环保产业, 2018, 3: 65-68.

[61] 野池達也. メタン発酵 [M]. 日本: 技报堂出版, 2014.

[62] 罗光俊, 康媞. 厌氧技术——UASB 处理工业废水的研究现状及发展趋势 [J]. 能源与环境, 2013, 2: 81-83.

[63] Padmasiri S I, Zhang J Z, Fitch M, et al. Methanogenic population dynamics and performance of an anaerobic membrane bioreactor (AnMBR) treating swine manure under high shear conditions [J]. Water Research, 2007, 41 (1): 134-144.

［64］ Wallace J M, Safferman S I. Anaerobic membrane bioreactors and the influence of space velocity and biomass concentration on methane production for liquid dairy manure ［J］. Biomass & Bioenergy, 2014, 66（7）: 143-150.

［65］ Bu F, Du S, Xie L, et al. Swine manure treatment by anaerobic membrane bioreactor with carbon, nitrogen and phosphorus recovery ［J］. Water Science & Technology, 2017: 1939-1949.

［66］ Logan B E, Call D, Cheng S A, et al. Microbial electrolysis cells for high yield hydrogen gas production from organic matter ［J］. Environmental Science & Technology, 2008, 42（23）: 8630-8640.

［67］ Zhen G, Lu X, Kumar G, et al. Microbial electrolysis cell platform for simultaneous waste biorefinery and clean electrofuels generation: Current situation, challenges and future perspectives ［J］. Progress in Energy & Combustion Science, 2017, 63: 119-145.

［68］ Cerrillo M, Vinas M, Bonmati A. Overcoming organic and nitrogen overload in thermophilic anaerobic digestion of pig slurry by coupling a microbial electrolysis cell ［J］. Bioresource Technology, 2016, 216: 362-372.

［69］ Liu W, Cai W, Guo Z, et al. Microbial electrolysis contribution to anaerobic digestion of waste activated sludge, leading to accelerated methane production ［J］. Renewable Energy, 2016, 91: 334-339.

［70］ 孙冀垆, 宋晓雅. 小红门污水处理厂卵形消化池启动探讨 ［J］. 科技创新导报, 2011: 128-129.

［71］ 王福浩, 李慧博, 陈晓华. 青岛麦岛污水处理厂的污泥中温消化和热电联产 ［J］. 中国给水排水, 2012, 28（2）: 49-51.

［72］ 张金霞, 陈强, 黄晨阳, 等. 食用菌产业发展历史、现状与趋势 ［J］. 菌物学报, 2015, 34（4）: 524-540.

［73］ 苏雅迪. 食用菌产业发展历史、现状分析 ［J］. 农村经济与科技, 2018, 10: 140.

［74］ 程琳琳, 张俊飚, 张安然. 食用菌产业的社会经济效益与负面效应分析 ［J］. 食药用菌, 2016, 6: 372-376.

［75］ 晏青华, 仕军. 安宁市野生食用菌资源利用探析 ［J］. 绿色科技, 2015, 2: 130-131.

［76］ 孙国琴, 郭金榜. 发展食用菌生产培植高效生态农业 ［J］. 北方农业学报, 2002, 5: 7-9.

［77］ 李宜. 浙江杭州秸秆基料化利用技术 ［J］. 农业工程技术, 2017, 37（14）: 37.

［78］ 陈克复, 田晓俊, 王斌, 等. 利用农业秸秆制浆造纸所实施的先进技术体系的优选与评价 ［J］. 华南理工大学学报（自然科学版）, 2015, 43（10）: 122-130.

［79］ 山东泉林纸业有限责任公司. 秸秆清洁制浆及其废液资源化利用技术 ［J］. 中国环保产业, 2014（9）: 71.

［80］ 徐林, 李洪菊, 赵永建. 浅谈置换蒸煮技术和横管连蒸技术 ［J］. 华东纸业, 2010, 41（3）: 4-8.

［81］ 张小勇, 莫海涛, 江启沛, 等. 秸秆资源循环经济利用模式——纸浆与肥料联产的清洁生产技术体系 ［J］. 化学进展, 2017, 19（7/8）: 1177-1184.

［82］ 李季, 彭生平. 堆肥工程实用手册 ［M］. 2版. 北京: 化学工业出版社, 2011.

［83］任逸哲，顾悦言，杨心怡．秸秆建材的特色发展瓶颈及对策［J］．功能材料，2016，47（6）：06056-06062．

［84］陈继浩，冀志江．秸秆复合墙体研究进展及发展前景［J］．建筑节能，2017，45（6）：74-78．

［85］肖波．生物质热化学转化技术［M］．北京：冶金工业出版社，2016．

［86］董长青，陆强．生物质热化学转化技术［M］．北京：科学出版社，2018：153-179．

［87］Bungay R R. Biomass refining［J］. Science 1982, 218（4573）: 643-646.

［88］Hayes M H B. Biochar and biofuels for a brighterfuture［J］. Nature, 2006, 443（7108）: 144.

［89］Ragauskas A J. The path forward for biofuels andbiomaterials［J］. Science, 2006, 311（5460）: 484-489.

［90］朱锡锋．生物油制备技术与应用［M］．北京：化学工业出版社，2013．

［91］Altieri P, Coughlin R W. Characterization of products formed during coliquefaction of lignin and bituminous coal at 400℃［J］. Energy Fuels, 1987, 1（3）: 253-256.

［92］周华，蔡振益，水恒福，等．煤与稻秆共液化性能研究［J］．燃料化学学报，2011，39（10）：721-727．

［93］Bridgwater A V. Upgrading biomass fast pyrolysis liquids［J］. Environmental Progress & Sustainable Energy, 2012, 31（2）: 261-268.

［94］Yakovlev V A, Khromova S A, Sherstyuk O V, et al. Development of new catalytic systems for upgraded bio-fuels production from bio-crude-oil and biodiesel［J］. Catalysis Today, 2009, 144（3-4）: 362-366.

［95］Wildschut J, Mahfud F H, Venderbosch R H, et a1. Hydrotreatment of fast pyrolvsis oil using heterogeneous noble metal catalysts［J］. Industrial & Engineering Chemistry Research, 2009, 48（23）: 10324-10334.

［96］陈冠益，马隆龙，颜蓓蓓．生物质能源技术与理论［M］．北京：科学出版社，2017．

［97］王伟文，吴国鑫，张自生．生物质热解研究进展［J］．当代化工，2017（11）：2300-2302．

［98］Meier D, Faix O. State of the applied fast pyrolysis of lignocellulosicmaterials a review［J］. Bioresnurce Technology, 1999, 68: 71-77.

［99］Bok J P, Choi H S, Choi Y S, et al Fast pyrolysis of coffeegrouds: characteristics of product yields and biocrude oil quality［J］. Energy, 2012, 47: 17-24.

［100］Ellens C J, Brown R C. Optimization of a free-fall reactor for the production of fast pyrolysis bin-oil［J］. Bioresource Technology, 2012, 103: 374-380.

［101］Wang S, Jiang X M, Wang N. Research on pyrolysis characteristics of seaweed［J］. Energy&Fuels, 2007, 21: 3723-3729.

［102］黄彩霞，刘荣厚，蔡均猛，等．生物质热裂解生物油性质的研究进展［J］．农机化研究，2007，（11）：6-9．

［103］吴创，阴秀丽．欧洲生物质能利用的研究现状与特点［J］．新能源，1999，21（3）：30-35．

[104] Vamvuka D. Bio-oil, solid and gaseous biofuels from biomass pyrolysis processes—An overview [J]. International Journal of Energy Research, 2011, 35 (10): 835-862.

[105] Faaij A. Modem biomass conversion technologies [J]. Mitigation and Adapation Strategies for Global Change, 2006, 11: 343.

[106] Antal M J, Friedman H. Kinetic of cellulose pyrolysis in nitrogen and steam [J]. Combustion Science and Technology, 1980, 21: 141-152.

[107] Bhattacharya S C, Leon M Augustus, Rahman Mizanur, et al. A study on improved biomass bfiquetting [J]. Energy for Sustainable Development, 2002, 6 (2): 67-71.

[108] 蒋剑春. 生物质能源转化技术与应用（Ⅰ）[J]. 生物质化学工程, 2007, 41 (3): 59-65.

[109] 廖益强, 黄彪, 陆则坚. 生物质资源热化学转化技术研究现状 [J]. 生物质化学工程, 2008, 42 (2): 50-54.

[110] Hou J, Zhang S, Qiu Z, et al. Stimulatory effect and adsorption behavior of rhamnolipids on lignocelluloses degradation system [J]. Bioresource Technology, 2017, 224: 465-472.

[111] 李顶杰, 李振友, 朱建军, 等. 我国燃料乙醇产业发展现状与机遇 [J]. 中国石油和化工经济分析, 2017, 8: 50-53.

[112] La Rovere E L, Pereira A S, Simões A F. Biofuels and sustainable energy development in Brazil [J]. World Development, 2011, 39 (6): 1026-1036.

[113] 刘钺, 杜风光. 中国燃料乙醇发展面临的困难及建议 [J]. 酿酒科技, 2018, 3: 129-135.

[114] Zhang M, Eddy C, Deanda K, et al. Metabolic engineering of a pentose metabolism pathway in ethanologenic zymomonas mobilis [J]. Science, 1995, 267 (5195): 240-243.

[115] Zhang Q, Wei Y, Han H, et al. Enhancing bioethanol production from water hyacinth by new combined pretreatment methods [J]. Bioresource Technology, 2017, 251: 358.

[116] Zhang Q, Huang H, Han H, et al. Stimulatory effect of in-situ detoxification on bioethanol production by rice straw [J]. Energy, 2017, 135: 32-39.

[117] Hou J, Ding C, Qiu Z, et al. Inhibition efficiency evaluation of lignocellulose-derived compounds for bioethanol production [J]. Journal of Cleaner Production, 2017, 165: 1107-1114.

[118] Hou J, Qiu Z, Han H, et al. Toxicity evaluation of lignocellulose-derived phenolic inhibitors on saccharomyces cerevisiae growth by using the QSTR method [J]. Chemosphere, 2018, 201: 286-293.

[119] Stelte W, Holm J K, Sanadi A R, et al. A study of bonding and failure mechanisms in fuel pellets from different biomass resources [J]. Biomass & Bioenergy, 2011, 35 (2): 910-918.

[120] 李伟振, 姜洋, 阴秀丽. 生物质成型燃料压缩机理的国内外研究现状 [J]. 新能源进展, 2017, 5 (4): 286-293.

[121] Rumpf H. The strength of granules and agglomerates [M]. Agglomeration, 1962.

[122] Chung F H. Unified theory and guidelines on adhesion [J]. Journal of Applied Polymer Science, 1991, 42 (5): 1319-1331.

［123］Kaliyan N, Morey R V. Natural binders and solid bridge type binding mechanisms in briquettes and pellets made from corn stover and switchgrass ［J］. Bioresource Technology, 2010, 101 (3)：1082-1090.

［124］Lindley J A, Vossoughi M. Physical properties of biomass briquets ［J］. Transactions of the Asae American Society of Agricultural Engineers, 1989, 32 (2)：0361-0366.

［125］王文明, 姚建辉, 丁广文, 等. 生物质压缩成型技术的研究与发展 ［J］. 中国农机化学报, 2017, 38 (3)：82-86.

［126］李美华, 俞国胜. 生物质燃料成型技术研究现状 ［J］. 木材加工机械, 2005, 16 (2)：36-40.

［127］Kaltschmitt M, Weber M, Kaltschmitt M. Markets for solid biofuels within the EU-15. ［J］. Biomass & Bioenergy, 2006, 30 (11)：897-907.

［128］简相坤, 刘石彩. 生物质固体成型燃料研究现状及发展前景 ［J］. 生物质化学工程, 2013, 47 (2)：54-58.

［129］宁廷州, 刘鹏, 侯书林. 生物质固化成型设备及其成型影响因素分析 ［J］. 可再生能源, 2017, 35 (1)：135-140.

［130］薛冬梅, 武佩, 马彦华, 等. 生物质致密成型技术研究进展 ［J］. 安徽农业科学, 2018, 1：32-36.

［131］Zhang P F, Pei Z J, Wang D H, et al. Ultrasonic vibration-assisted pelleting of cellulosic biomass for biofuel manufacturing ［J］. Journal of Manufacturing Science and Engineering, 2011, 133：2-7.

［132］Kashaninejad M, Tabil L G. Effect of microwave-chemical pre-treatment on compression characteristics of biomass grinds ［J］. Biosystems Engineering, 2011, 108：36-45.

［133］刘宇, 郭明辉. 生物质固体燃料热解炭化技术研究进展 ［J］. 西南林业大学学报 (自然科学版), 2013, 6：89-93.

［134］Antal M J, Varhegyi G. Cellulose pyrolysis kinetics：The current state of knowledge ［J］. Industrial & Engineering Chemistry Research, 1995, 34 (3)：703-717.

［135］Bradbury Allan G W, Sakai Y, Shafizadeh F. A kinetic model for pyrolysis of cellulose ［J］. Journal of Applied Polymer Science, 1979, 23：3271-3280.

［136］陈小江, 张帆. 生物质燃料致密成型技术研究现状及发展趋势 ［J］. 科技信息, 2014, 8：137.

［137］洪浩, 尤玉平, 严德福. 我国林业生物质成型燃料产业化实证研究 ［J］. 中国工程科学, 2011, 13 (2)：66-71.

［138］姚宗路, 崔军, 赵立欣, 等. 瑞典生物质颗粒燃料产业发展现状与经验 ［J］. 可再生能源, 2010, 28 (6)：145-150.

［139］郑国香, 刘瑞娜, 李永峰. 能源微生物学 ［M］. 哈尔滨：哈尔滨工业大学出版社, 2013.

［140］孔永平, 郑冀鲁. 利用地沟油制备生物柴油技术的研究 ［J］. 化学工程与装备, 2008, 4：25-28.

［141］李昌珠, 蒋丽娟, 程树棋. 生物柴油：绿色能源 ［M］. 北京：化学工业出版社, 2005：

2-3.

[142] Knothe G, Matheaus A C. Cetane numbers of branched and straight-chain fatty esters determined in an ignition quality tester [J]. Fuel, 2003, 82 (8): 971-975.

[143] 张龙生，刘拓. 餐厨垃圾生产生物柴油现状及对策 [J]. 环境卫生工程，2009，17 (6): 50-52.

[144] 王萌，陈章和. 藻类生物柴油研究现状与展望 [J]. 生命科学，2011，1: 121-126.

[145] 杜东泉，张六一，韩彩芸，等. 酯交换法制备生物柴油的研究进展 [J]. 应用化学，2011，28 (7): 733-738.

[146] 翟西平，殷长龙，刘晨光，等. 油脂加氢制备第二代生物柴油的研究进展 [J]. 石油化工，2011，40 (12): 1364-1369.

[147] 王健，李会鹏，赵华，等. 三代生物柴油的制备与研究进展 [J]. 化学工程师，2013 (1): 38-41.

[148] 王存文. 生物柴油制备技术及实例 [M]. 北京：化学工业出版社，2009.

[149] Zexue D U, Tang Z, Wang H, et al. Research and development of a sub-critical methanol alcoholysis process for producing biodiesel using waste oils and fats [J]. Chinese Journal of Catalysis, 2013, 34 (1): 101-115.

[150] 殷海，许瑾，王忠铭，等. 利用有机溶剂提取微藻油脂的方法探究 [J]. 化工进展，2015，34 (5): 1291-1294.

[151] 张勇. 利用地沟油制备生物柴油 [J]. 中国油脂，2008，33 (11): 48-50.